Tempo

Guido Tonelli

Tempo

O sonho de matar Chronos

Tradução:
Federico Carotti

Copyright © Giangiacomo Feltrinelli Editore, Milão
Primeira edição: abril de 2021
Publicado sob licença de Giangiacomo Feltrinelli Editore, Milão, Itália

Grafia atualizada segundo o Acordo Ortográfico da Língua Portuguesa de 1990, que entrou em vigor no Brasil em 2009.

Título original
Tempo: Il sogno di uccidere Chrónos

Capa e ilustração
Rafael Nobre

Preparação
Júlia Lobão

Revisão técnica
Alexandre Cherman

Revisão
Carmen T. S. Costa
Thiago Passos

Dados Internacionais de Catalogação na Publicação (CIP)
(Câmara Brasileira do Livro, SP, Brasil)

Tonelli, Guido
  Tempo : O sonho de matar Chronos / Guido Tonelli ; tradução Federico Carotti. — 1ª ed. — Rio de Janeiro : Zahar, 2023.

  Título original : Tempo : Il sogno di uccidere Chrónos.
  ISBN 978-65-5979-104-0

  1. Cosmologia – Filosofia 2. Filosofia 3. Tempo – Filosofia I. Título.

23-145777   CDD-113

Índice para catálogo sistemático:
1. Cosmologia : Filosofia   113

Eliane de Freitas Leite — Bibliotecária — CRB-8/8415

Todos os direitos desta edição reservados à
EDITORA SCHWARCZ S.A.
Praça Floriano, 19, sala 3001 — Cinelândia
20031-050 — Rio de Janeiro — RJ
Telefone: (21) 3993-7510
www.companhiadasletras.com.br
www.blogdacompanhia.com.br
facebook.com/editorazahar
instagram.com/editorazahar
twitter.com/editorazahar

Aos meus filhos corajosos, Diego e Giulia

O tempo, consumidor das coisas...

> Leonardo da Vinci, *Codice Arundel*

Alice: Por quanto tempo é para sempre?
Coelho Branco: Às vezes, só um segundo.

> Lewis Carroll, *Alice no País das Maravilhas*

Forever is composed of nows.

> Emily Dickinson, *Poems*

The time is gone, the song is over
Thought I'd something more to say.

> Roger Waters, "Time"

Sumário

Introdução 11

PARTE I **O encanto dos piões** 17
1. O desejo de dominar o tempo 19
2. O nosso tempo 33

PARTE II **Onde o tempo para** 53
3. A estranha dupla 55
4. A longa história do tempo 73
5. Quando o tempo para 93

PARTE III **Entre existências efêmeras e vidas eternas** 117
6. Vida de partículas 119
7. O tempo do infinitamente pequeno 139
8. Uma relação muito especial 159
9. Pode-se inverter a flecha do tempo? 179
10. O sonho de matar Chronos 201

Epílogo: O tempo breve 217

Agradecimentos 221

Introdução

EMÍLIO FOLEGNANI TRABALHAVA na pedreira da Walton, nos Alpes Apuanos, onde se extrai o mármore branco mais famoso do mundo. Era um homem robusto, com mãos enormes, ásperas pelo trabalho. Cinzelava o mármore, um ofício que hoje não existe mais: dava acabamento com macete e cinzel aos blocos recém-separados do veio.

Como todos os escavadores, Emílio parecia um homem de pedra, duro como o mármore bruto que tirava das montanhas, e falava pouco: muitos monossílabos, algumas frases curtas. A sua profissão era perigosa, manuseava bananas de dinamite e, quando se movimentavam as grandes rochas, punha em risco a vida, como todos os escavadores. Não era fácil impressionar gente assim.

Uma das raras vezes em que ele falou por mais de cinco minutos seguidos foi na primavera de 1961, um ano antes da sua morte. Contou o que havia acontecido em 15 de fevereiro daquele ano, por volta das oito e meia da manhã.

Nas semanas mais rigorosas do inverno, o trabalho nas pedreiras era suspenso, porque no alto havia neve demais e tudo ficava sepultado pelo gelo. Mas naquele período nenhum dos escavadores ficava de braços cruzados. Cada um tinha o seu pequeno terreno, onde cultivava batatas, couves ou forragem para o gado.

Emílio também se encontrava no campo, em Scasso, um minúsculo sítio numa ribanceira que conquistara com anos de trabalho: havia desmatado um trecho da colina e retirara as pedras para organizá-la em pequenos terraços para cultivo. Enquanto estava ali carpindo, a luz da manhã se atenuou e depois escureceu. "É o fim do mundo", pensou enquanto as lágrimas escorriam pela face, e começou a rezar de joelhos, com as mãos unidas. E enquanto contava isso, no seu olhar ainda se percebiam a emoção e o medo. Depois de um breve intervalo que lhe pareceu uma eternidade, o Sol voltou a iluminar a Terra e tudo recuperou vida.

Meu avô Emílio havia assistido ao seu primeiro e único eclipse total do Sol. Jornais e televisões haviam comentado muito o assunto, mas a notícia não chegara a Equi, o vilarejo de trezentos habitantes em meio aos Alpes Apuanos onde ele vivia. Ou talvez ele não tivesse prestado atenção.

Hoje, quando se prevê um eclipse em alguma região do planeta, há grande expectativa e muita excitação. O fenômeno é filmado por todos os ângulos e o aspecto espetacular prevalece sobre a inquietude. Mas nem sempre foi assim. O testemunho do meu avô nos permite entender como era profunda a angústia que sentiam os nossos antepassados quando subitamente se interrompia o ritmo regular que determinava a alternância do dia e da noite e a passagem das estações.

Algum resíduo daquele medo atávico chegou até nós. Por isso, ainda hoje, quando algo inesperado parece perturbar a regularidade daqueles fenômenos maravilhosos, temos a impressão de que o tempo sai dos eixos e somos tomados pelo temor de que o mundo inteiro pode se desfazer em mil pedaços.

Isso sempre acontece quando uma comunidade humana, grande ou pequena que seja, é atingida por uma desgraça repentina. Quando uma explosão ou um forte terremoto devasta uma cidade, subverte-se o sentido do tempo que rege a vida cotidiana dos seus habitantes. Os relatos dos sobreviventes são todos parecidos. Os instantes de pavor transformam cada segundo num longuíssimo intervalo de tempo, cujos detalhes são lembrados nitidamente. O trauma divide para sempre a vida de milhares de indivíduos num "antes" e num "depois". Uma brusca descontinuidade separa as duas fases da existência de pessoas que já não são as mesmas. A catástrofe causou uma súbita mudança nelas; algo se rompeu irremediavelmente e o tempo parece correr de maneira desordenada e caótica. O futuro, impregnado de incerteza, gera angústia e o passado-que-não-passa não lhes dá paz: a experiência traumática, fixada pelo pânico na memória emocional mais profunda, se reapresenta o tempo inteiro e arde.

Em tempos de pandemia, essa experiência abrange o mundo todo. No momento em que escrevo, olhamos as nossas vidas de poucos meses atrás e parece que se passaram anos. O medo sentido nos dias mais duros, que pensávamos ter superado, se reapresenta inalterado a cada vez que os contágios voltam a aumentar. Perguntamo-nos ansiosos sobre o futuro e já medimos as várias coisas que mudaram e talvez nunca voltem a ser como antes.

"O tempo está fora dos eixos. Oh, maldita sorte ter nascido para endireitá-lo!" Quando Hamlet profere essa frase, a cadeia de eventos que ocupará o resto da tragédia já está delineada com clareza. Acabou de ocorrer a mais terrível das contaminações: o mundo dos espectros se mesclou com o dos homens. O pai, assassinado à traição pelo irmão Cláudio, apareceu ao filho para lhe contar a verdade e pedir que faça justiça.

Um crime horrendo subvertera a ordem constituída. O veneno derramado no ouvido do rei perturbou o ritmo das genealogias, mudou a cadência regular da sucessão das gerações, e tudo apodrece como num monstruoso emaranhado de ervas selvagens. Caberá a Hamlet, o relutante, recolocar o tempo nos eixos e restabelecer a verdade.

Ninguém melhor do que Shakespeare soube reconstruir o clima claustrofóbico e alucinado que se vive nas épocas em que o fluxo ordenado do tempo se despedaça. Na Dinamarca, o fratricídio, a violência para com o próprio sangue, abalou todas as relações entre os seres humanos. O crime de Caim, precursor de todas as violências de que os homens são capazes, subverte o ritmo regular que preside à ordem cósmica. Tudo é infectado por uma doença maligna. Anarquia e desordem abalam as articulações da sociedade, até penetrar nos meandros mais ocultos da alma humana. O tempo, tornando-se tóxico pelo sangue derramado, leva o veneno para as profundezas do espírito e constitui um perigo mortal para todos. Para sobreviver, Hamlet encontrará refúgio na loucura e recorrerá à chave da narração. Quando a trupe de atores representar o homicídio do pai na esfera da ficção por antonomásia, o palco, a verdade será conhecida por todos. Metáfora do poder que a arte tem de salvar o mundo.

E AQUI ESTAMOS, quatrocentos anos depois, numa época em que, para nós também, o tempo parece ter saído dos eixos, interrogando-nos sobre um enigma que intriga a humanidade há milênios. O que é o tempo? Conseguiremos algum dia derrotar o seu avanço inexorável? Pode-se inverter a flecha do tempo? Ele tem realmente existência própria ou trata-se apenas de uma ilusão gigantesca?

Para entrar nessa questão, será preciso entender como nasceu o sentido do tempo e quando essa organização em passado, presente e futuro se apresentou pela primeira vez aos nossos distantes antepassados. Mas, acima de tudo, será importante indagar o que é o tempo para os objetos materiais que nos rodeiam.

A ciência moderna nos permite explorar os cantos mais recônditos do universo e, quando se analisam os fenômenos que ocorrem na escala das dimensões subnucleares, o tempo adquire características muito diferentes daquelas a que estamos acostumados. O mesmo acontece quando se observam os objetos gigantescos que povoam o cosmo nas grandes distâncias, as galáxias ou os aglomerados de galáxias. Nesses dois mundos tão distantes entre si, aquela passagem harmoniosa e constante do tempo, que nos encanta há milênios, se contorce, se liquefaz, se despedaça. Espaço e tempo nos aparecem como um par indissociável; não um conceito abstrato, mas uma substância material que ocupa o universo inteiro, que vibra, oscila e se deforma.

Descobriremos juntos a longa história do tempo, o seu nascimento furioso e a sua bizarra evolução. Viajaremos com a imaginação para os lugares assustadores onde o tempo para, e exploraremos assombrados a estreita relação que o liga à energia. Uma relação tão especial que consegue fazer brotar do vácuo um maravilhoso universo material.

Os antigos gregos representaram Chronos como um Titã, filho de Urano e de Gaia, que devorava os próprios filhos porque lhe fora profetizado que um deles o deporia. Um dos seus herdeiros viria repetir com ele o ato de rebelião que o levara a castrar o pai e tomar o seu lugar. Como os seus filhos eram seres divinos, Chronos não podia matá-los, e assim, para neutralizá-los, devorava-os. Terrível metáfora das nossas angústias mais profundas: que o tempo consome e destrói não só a nós próprios, mas também toda a nossa progênie e, com ela, as obras que imaginamos mais duradouras. Somente Zeus conseguiu escapar ao seu destino, porque Chronos, enganado pela esposa-irmã Rea, engoliu uma pedra em lugar do recém-nascido. Assim, envenenando o pai, Zeus realizou a profecia e tomou o seu lugar como senhor da criação.

Desde então, o sonho de matar Chronos é recorrente na comunidade humana sob a forma do desejo de parar o tempo, ou da ilusão de poder retirá-lo do lugar central que ocupa na natureza. Mas poderemos realmente, algum dia, nos libertar de Chronos?

PARTE I

O encanto dos piões

1. O desejo de dominar o tempo

Meu netinho mais novo se chama Jacopo e é um menino robusto. Jorra energia por todos os poros e, um gigante em miniatura, parece muito maior do que os seus dezoito meses. É brincalhão e curioso e, como todas as crianças da sua idade, agarra e manuseia qualquer coisa que lhe chegue às mãos. Como ocorre com frequência nesses casos, pais e avós saqueiam as lojas de brinquedos para pôr à sua disposição construções caras e coloridas de madeira. São objetos lindos, concebidos para desenvolver a curiosidade das crianças e treinar a destreza delas. Jacopo lhes dedica um olhar distraído, ou brinca com eles, desinteressado, por poucos minutos. Depois regressa à sua ocupação principal.

É atraído por objetos simplicíssimos: coleciona todos os tipos de tampas, desde as de champanha às de plástico das garrafas de leite. Entusiasma-se por algum pote cilíndrico, como os dos hidratantes usados por sua mãe, mas também se interessa por pequenos objetos de forma irregular. O importante é que possam se transformar em piões. Encontra, por tentativa, os eixos de simetria dos vários corpos que maneja e age com sistemática determinação até conseguir produzir a mágica rotação. Então olha encantado o pequeno objeto que permanece em equilíbrio rodando sobre si mesmo, e pode-se ler nos seus olhos o orgulho por ter realizado a façanha.

Sente-se reconfortado que a magia se reproduza, sente-se tranquilo porque o mundo lhe obedece.

A perfeita regularidade dos movimentos periódicos tem um fascínio irresistível também para os humanos adultos. Apesar dos progressos da ciência, que desvendou muitos dos seus segredos, e das inúmeras missões de exploração, ainda ficamos encantados a cada aparição da Lua num belo céu estrelado. Exatamente como Jacopo, olhamos extasiados esse pião maravilhoso que gira ao nosso redor e ficamos fascinados pela repetição das suas fases.

Nas profundezas da nossa alma ainda ressoa o assombro da humanidade criança diante do Sol que completa o seu percurso no céu, do brilho das estrelas que se acende na escuridão da noite, do dia que se alterna à noite.

Os grandes corpos celestes que giram em perfeita harmonia nos hipnotizam há milênios. Os mecanismos que regulam os seus movimentos se mantiveram obscuros para nós até poucos séculos atrás, e durante muito tempo tudo foi divinizado. Cada cultura elaborou uma narrativa própria, dando nomes diferentes ao mesmo protagonista: Rá para os egípcios, Apolo para os gregos, Itzamna para os maias. A divindade garantirá o surgimento da luz e a alternância das estações, e da sua benevolência dependerão colheitas abundantes ou terríveis secas. Comunidades inteiras prosperaram graças a chuvas periódicas, ou a enchentes benéficas de um grande rio que fertilizava os campos cultivados. Por um tempo indeterminável, o pesadelo mais assustador para qualquer povo de criadores ou agricultores foi que o Sol não aparecesse e os dias mergulhassem numa escuridão sem fim. Para esconjurar essa eventualidade, edificaram-se templos magníficos e organizaram-se importantes cerimônias. Ritos, sacrifícios, atos de submissão às divindades que deviam manter a estabilidade desses ciclos imprimiram ritmo à vida de civilizações inteiras.

Quando a magia se rompe

O nosso sentido do tempo, como cadência regular de eventos que se repetem desde o alvorecer da humanidade, tem raízes nessa história milenar. Qualquer coisa que ameaçasse esse mecanismo perfeito constituía um perigo para a sobrevivência de toda a espécie humana. Não por acaso o poder era confiado a sacerdotes e astrônomos, os mais sábios na organização de um calendário, no conhecimento dos segredos ocultos nesse fluxo regular. Quem compreende as leis da passagem do tempo domina o mundo, quem é capaz de corrigir aquele sutil desvio na sucessão dos dias e das estações que a torna imperceptivelmente irregular pode exercer um poder imenso sobre os homens.

A repetição cíclica é harmonia e tranquilização. Dominando os obscuros saberes dos quais depende a regularidade do movimento dos astros, os sábios reconhecem e controlam as irregularidades do tempo. São capazes de assimilá-las com reformas periódicas dos calendários e têm a capacidade de prever os eventos anômalos, como os eclipses, aquelas noites em que a Lua perde subitamente o seu esplendor ou os dias terríveis em que o Sol se torna negro e a escuridão das trevas envolve o mundo.

Daqui nasce o poder oculto e misterioso das elites: elas detêm o poder porque compreendem as leis do tempo. A elas é confiada a organização da estrutura social, porque colocaram ordem no mundo externo do qual depende a vida de toda a comunidade.

Hoje sabemos que tudo isso deriva de um conjunto de circunstâncias muito peculiares que colocaram os seres humanos no centro de um complexo sistema de corpos celestes. A Terra gira sobre si mesma a cerca de 1700 quilômetros por hora; acompanhada pelo seu grande satélite, a Lua, orbita ao redor do Sol a mais de 100 mil quilômetros por hora. O sistema solar inteiro percorre uma gigantesca trajetória circular em torno de Sagittarius-A*, o buraco negro que domina o centro da nossa Via Láctea; a velocidade parece enorme, 850 mil quilômetros por hora, mas são necessários mais de 200 milhões de anos para realizar uma revolução completa; a galáxia inteira, por fim, se move a cerca de 2 milhões de quilômetros por hora, em direção a uma zona de alta densidade de matéria, onde se encontram o Grande Atrator, uma família de aglomerados e, principalmente, o Superaglomerado Shapley, uma verdadeira megalópole de galáxias, a cerca de 600 milhões de anos-luz da Terra. Para tornar tudo ainda mais complicado, a nossa louca corrida parece nos levar numa rota de colisão com a grande galáxia de Andrômeda.

O ritmo regular do nosso tempo, a sua periodicidade quase perfeita, nasce desse conjunto intricado e complexo de piões maravilhosos. Observado numa escala temporal infinitesimal em comparação aos processos cósmicos, o cantinho de universo que ocupamos nos parece pacífico e tranquilo. Nós o habitamos há poucos milhões de anos, e as primeiras observações de que temos testemunho remontam a alguns milhares de anos. Uma ninharia para um sistema que está em evolução há bilhões de anos. A nossa ignorância e um certo grau de arrogância nos convenceram a estender ao universo inteiro as condições que observamos nessa minúscula porção do todo. Por isso imaginamos que a passagem fluida e regular do tempo, marcada por fenômenos periódicos tão reconfortantes para nós, seria uma característica do universo no seu conjunto.

Na verdade, não é assim. As zonas turbulentas, aquelas dominadas por fenômenos caóticos ou caracterizadas por enormes catástrofes, os lugares obscuros onde as nossas observações nos levam a supor sistemas solares inteiros despedaçados por explosões de supernovas, ou galáxias distantes devastadas por núcleos galácticos ativos, são muito mais comuns do que imaginamos. Esses mundos distantes são um desafio ao nosso conceito do tempo como um fluxo contínuo e regular.

Hoje sabemos que, mesmo no nosso sistema solar, realmente não é preciso uma grande diferença para romper esse equilíbrio delicado. Se as dimensões da Lua fossem muito menores do que as atuais, o eixo de rotação da Terra não seria tão estável. A nossa plácida Lua age como um grande giroscópio que estabiliza o eixo de rotação terrestre e restringe suas mudanças a pequenas oscilações em relação ao plano da órbita. Esse efeito é decisivo para definir as zonas climáticas terrestres e garantir a constância das estações nas zonas tropicais e temperadas em escalas temporais muito longas. Tudo isso teve um papel determinante no desenvolvimento de formas de vida vegetal e animal extremamente diferenciadas e na sobrevivência dos respectivos nichos ecológicos. Se, pelo contrário, as dimensões da Lua fossem maiores do que as atuais, haveria grandes efeitos de maré no nosso planeta e significativas perturbações da órbita terrestre. Em ambos os casos, o nosso conceito de tempo como ciclo ordenado seria posto em séria discussão.

Mas durante milênios ignoramos tudo isso. Se não habitássemos num canto do universo caracterizado por fenômenos periódicos e regulares que desde sempre nos fascinam, nunca teríamos desenvolvido a noção comum de tempo. Embalamo-nos na ilusão de estar no centro de um mecanismo perfeitamente concebido, eterno e imutável. Por isso todos os episódios que rompem o encantamento nos fazem mergulhar na angústia.

O tempo da vida

Na primeira vez em que eu o vi, fiquei sem fôlego. Giorgione é um grande pintor que nos deixou pouquíssimas obras; desde jovem eu o tenho entre os meus preferidos, e procurei as suas obras em todos os museus do mundo. Ainda lembro a emoção que senti quando me encontrei diante das *Três idades do homem*, na Galeria Palatina de Florença.

Com um estratagema clássico, a obra nos apresenta uma reflexão sobre a precariedade da condição humana. O mesmo personagem é representado quando jovem, depois como adulto e, por fim, já velho; as três figuras interagem amavelmente, camuflando com a mais plena naturalidade uma absurda sincronia de eventos separados por décadas. À esquerda, o idoso cansado, já próximo do fim, volta-se em nossa direção e perfura o quadro com um olhar decidido e pesaroso, que penetra diretamente nas pupilas do observador: "E você, pensa que a coisa não lhe diz respeito? Terá talvez a ilusão de que você mesmo não faz parte dessa representação?". Essa terrível advertência contra qualquer forma de *vanitas* se tornará uma espécie de obsessão que, um século depois, atormentará outro grande nome da pintura.

Rembrandt van Rijn nos deixou dezenas de autorretratos: trinta águas-fortes, doze desenhos e não menos de quarenta pinturas. Todas elas eram obras que executava e guardava para si, nenhuma ia para as mãos dos clientes ricos de toda a Europa que acorriam a ele. E assim pode-se ver ainda hoje a minuciosidade com que ele quis registrar o avanço inexorável do tempo: a pele do rosto que se torna cada vez mais flácida, os olhos que perdem firmeza, pequenas veias que afloram por toda parte não agridem mais as rugas e os traços do pincel que acompanham, com uma marca que se desfaz na cor, essa progressiva liquefação da vitalidade. Desse modo, Rembrandt nos presenteia com uma série magistral de autorretratos em que parece antecipar os modernos softwares de *face morphing*, capazes de, em poucos segundos, transformar o rostinho fresco de um recém-nascido no rosto decrépito de um centenário.

A sensação do lento consumir-se da nossa existência terrena — a mais comum, talvez, das experiências humanas — intrigou artistas de todas as épocas e continua a intrigar ainda hoje, porque relembra a todos o traço mais básico da condição humana. Como já cantava Lorenzo, o Magnífico, nas *Rimas*, Soneto XLII: "Tudo é fugaz e pouco dura, e a Fortuna no mundo é mal constante; só permanece e sempre dura a Morte".

A consciência da nossa precariedade e o fim inelutável que nos aguarda podem tornar dramático o senso da passagem do tempo. Quanto mais se aproxima o ocaso, mais se aguça a consciência de que, ao contrário dos fenômenos naturais, em cujo andamento cíclico se alternam morte e renascimento, a nossa vida individual se assemelha a uma linha reta rompida: teve um início e depois de várias passagens terminará, de modo mais ou menos brusco, e terá se acabado para sempre.

O tempo que passa torna-se vida fugindo entre os dedos, implacavelmente.

Dessa sutil inquietação brotaram coisas maravilhosas, como as grandes arquiteturas do pensamento, os sistemas filosóficos e as crenças religiosas. O temor de que tudo possa acabar no nada impeliu os indivíduos mais capazes a tentarem realizar obras *imortais* ou a praticarem proezas memoráveis, na esperança de que fossem lembradas por milênios. As inúmeras obras-primas da arte que ainda admiramos séculos depois e as mais profundas elaborações do pensamento são frutos magníficos desse humaníssimo medo.

A nossa linhagem, frágil e mortal, que tem uma breve existência no cenário grandioso de uma natureza aparentemente perfeita e imutável, vive essa condição de absoluta precariedade como um xeque-mate. As coisas mais belas produzidas pela humanidade nascem do sonho de deixar uma marca indelével dessa fugaz passagem. Desde sempre desafiamos o tempo dispondo grandes pedras em círculo ou pintando um cortejo de animais numa gruta escura; na tentativa de rivalizar com a eterna recorrência dos movimentos celestes, erigimos construções gigantescas ou desenvolvemos teorias para explicar o mundo.

Assim nascem a filosofia, a arte e a ciência, e também as crenças milenares que imaginam uma vida após a morte. Se a nossa existência individual prosseguisse sob formas diferentes após o fim terreno, tornar-se-ia possível reparar injustiças e sofrimentos. Inseridas num quadro mais grandioso, as inúmeras incongruências desse mundo adquiririam um sentido. O poder consolador das grandes religiões alivia a dor e atenua o medo, colocando num quadro mais amplo a existência individual de cada um de nós. Na perspectiva de um "além" fundaram-se sistemas éticos, regras de comportamento, proibições e tabus que caracterizaram civilizações inteiras. Uma visão de mundo que incorpora as existências individuais numa trama de eternidade ganha a autoridade necessária para definir regras e hierarquias sociais às quais toda a comunidade deve se ater. Pondo ordem no fluxo angustiante do nosso tempo de vida, libertando-nos do medo de que a nossa existência seja apenas uma passagem desprovida de sentido, tal visão constrói os fundamentos de uma ordem capaz de organizar comunidades muito complexas e de realizar obras grandiosas.

Vasos e sepulturas: o nascimento de presente, passado, futuro

Os rituais de sepultamento — práticas ancestrais que remontam à aurora dos tempos — são uma demonstração inequívoca das profundas raízes da organização mental do tempo em passado, presente e futuro, entranhadas dentro de nós, homens modernos.

A descoberta de tumbas e corpos sepultados nos transporta para culturas distantes, cujas características nunca conseguiremos reconstituir plenamente, mas que, com toda certeza, imaginavam um futuro após a morte. Reuniram-se provas irrefutáveis de rituais funerários já praticados pelos neandertais, que povoavam a Europa dezenas de milhares de anos antes da chegada dos Sapiens. Os esqueletos dispostos em posição fetal, as marcas de ocre vermelho, a presença de conchas e resíduos de pólen de flores nos revelam atividades complexas e dispendiosas. Naquela Europa gélida, atingida por terríveis glaciações, as pequenas comunidades deviam concentrar grande parte das suas energias na sobrevivência cotidiana. Se uma quantidade considerável de tempo e esforço era subtraída da espasmódica busca de alimento, isso significa que se atribuía aos rituais fúnebres uma importância fundamental. As cerimônias consolidavam o grupo, o luto coletivo elaborado pelo clã selava um pacto de apoio entre gerações: os jovens adultos da comunidade renovavam a sua proteção em relação aos mais frágeis, aos idosos e às crianças.

Nada sabemos sobre tais cerimônias, ignoramos se havia um xamã a guiar o rito, nem conhecemos a linguagem que era utilizada e se as palavras eram acompanhadas por sons ou movimentos ritmados do corpo. Mas os cadáveres sepultados em posição fetal ou pintados com a cor do sangue nos permitem conjeturas muito plausíveis. Tudo leva a pensar que o cadáver era preparado para um novo nascimento, que a morte era considerada uma passagem e, portanto, que se imaginava um futuro para o indivíduo que acabara de deixar o grupo. Por isso embelezavam o corpo com um enxoval funerário e incluíam, talvez, pequenos instrumentos para ajudá-lo a enfrentar a nova existência. Presente, passado e futuro, relato e sepultamento, constituíram a arquitrave em torno da qual se formaram os primeiros embriões de civilização, a ponto de podermos considerá-los elementos fundadores do nosso devir humano.

Outro símbolo tangível dessa nova organização do tempo é a produção de vasilhames. A introdução do vaso de argila é um marco na história da Antiguidade. O aparecimento dos primeiros recipientes define uma fase crucial da evolução humana.

Os pequenos grupos que inventam recipientes para conservar água ou reservas de alimento organizam de uma nova maneira o espaço que os rodeia, e a transformação é irreversível. Não será mais possível voltar atrás. A argila maleável lhes permite construir um *vazio*, uma cavidade que divide o mundo entre um *fora* e um *dentro*; este último pode con-ter e, portanto, transformar-se em um *cheio*.

Essa organização diferente do espaço traz em si uma drástica transformação do conceito de tempo: a separação rompe o eterno presente que havia caracterizado a vida cotidiana — "há fartura de alimentos, comamos tudo" — para construir uma sequência em que o futuro ocupa um lugar central. Não consumimos hoje todos os recursos de que dispomos, porque amanhã poderemos precisar deles. A vasilha atesta um projeto, a ideia de um grupo que se organiza para construir o seu amanhã. E aqui estamos nós, empregando ainda hoje a mesma sequência temporal ordenada.

Na palavra "tempo" ressoam *témno*, corto, separo, e *témenos*, recinto cercado, que indica a separação de um intervalo. Por outro lado, na ideia do presente como sucessão de átimos, instantes sem espessura, encontra-se a mesma raiz de átomo, indivisível. As sutilezas do tempo não escaparam aos sábios da Grécia clássica, que, não por acaso, utilizavam palavras diferentes para ressaltar as suas diversas acepções.

Chrónos é o tempo que passa, aquele que marca, com Anaximandro, o inevitável retorno ao absoluto com a morte: destino último de todos os seres que se separaram do infinito, formando-se como entidades individuais e diferenciadas. E é também o nosso tempo de vida, o tempo dos seres humanos, aquele em que se desenvolve a história. *Aión* é o tempo místico ou metafísico, que se pode traduzir por eternidade ou, simplesmente, vida; é o tempo sem tempo, o instante perfeito congelado para sempre, o espírito vital personificado no menino que joga dados, de Heráclito. *Kairós* para os sofistas é o momento oportuno, um instante intersticial entre *Chrónos* e *Aión*, sob a égide de Hermes. Átimo sem espessura, que foge veloz como o deus alado. *Eniautós* pode significar ano, mas também período, e é uma medida de *Chrónos*, projetada também no infinito como ciclo que se repete indefinidamente.

E a reflexão filosófica decorrente se revela de imediato repleta de armadilhas e paradoxos. Para Parmênides o tempo é apenas uma ilusão, filha do devir que contrasta com a imutabilidade do Ser. Ele considera absurda essa subdivisão que encerra o presente — instantâneo e, por definição, fora do fluxo do tempo — entre um passado que não é, porque já foi, e um futuro que não é, porque ainda virá a ser. Platão resolverá o dilema, pelo menos parcialmente, aceitando o tempo como sequência de passado, presente e futuro apenas para o mundo material, imperfeito e corruptível, enquanto ao mundo das formas, essência perfeita e imutável das coisas, caberá um eterno presente sem tempo. Na mesma linha, Aristóteles distinguirá entre o tempo cíclico, definido pelo movimento regular e perfeito das esferas celestes, e o primeiro motor imóvel, situado na eternidade, fora do tempo, concepção que dominará o pensamento ocidental desde o alvorecer da era moderna.

Será um pensador cristão, Agostinho de Hipona, o primeiro a interiorizar com profunda consciência o conceito de tempo: "É em você, minha alma, que meço o tempo". Ele coloca em discussão a realidade de passado, presente e futuro, uma vez que o primeiro não é mais, o terceiro ainda não é e mesmo o próprio tempo presente, se fosse sempre presente, sem se tornar passado, não seria mais tempo e sim eternidade. Mas, enquanto desintegra a sua substância, Agostinho recupera o conceito de tempo como sucessão de estados de consciência: "Percebemos os intervalos de tempo". Os três tempos existem somente na nossa alma: "O presente do passado é a memória, o presente do presente é a visão, o presente do futuro é a espera".

Interiorizando o tempo e reduzindo-o a uma extensão da alma, Agostinho, no século IV, antecipa aquilo que o desenvolvimento das neurociências modernas nos fez entender com uma quantidade impressionante de evidências: a forte presença do sentido do tempo na percepção humana, como instrumento indispensável para a sobrevivência da espécie.

2. O nosso tempo

Como muitos animais e inúmeros seres vivos do planeta, nós humanos também percebemos nitidamente o passar do tempo. Isso nos é necessário para ligar os eventos entre si, pô-los em sequência e entender as suas relações causais. Permite-nos evitar perigos e aproveitar oportunidades; numa palavra, é um instrumento essencial para a sobrevivência.

Muitos ciclos vitais do nosso corpo têm um andamento periódico: batimento cardíaco, respiração, alternância de sono e vigília. O controle da sua regularidade é quase sempre inconsciente, mas basta uma perturbação, mesmo que mínima, para que o alarme dispare imediatamente. Ocorre algo parecido também em relação ao ambiente que nos rodeia.

À diferença do que ocorre com os sentidos tradicionais, como a visão e a audição, não temos um órgão especializado para o sentido do tempo. Diversas regiões do cérebro se ocupam de avaliar a espera de um evento, comparando o intervalo de tempo passado com outros armazenados na memória, colocam em sequência os eventos e os ordenam no espaço. Um processo muito complicado no qual usamos todo o corpo e ao mesmo tempo os nossos sentidos, mas em que é a nossa mente que realiza a função mais importante. Dela participam muitas zonas do córtex frontal e parietal, mas também os gânglios da base, o cerebelo e o hipocampo, que preside ao sentido de espaço e organiza as emoções e a memória.

A consciência do tempo é um produto do nosso cérebro, conforme foi dramaticamente comprovado em indivíduos que sofreram graves lesões cerebrais. Louise K. era uma funcionária exemplar que realizava o seu trabalho com grande precisão. Depois de um derrame, do tratamento e de um período de reabilitação, havia retomado o trabalho sem muitas dificuldades. Até o dia em que se levantou da escrivaninha para verificar uma data no calendário e os colegas a viram ficar absorta, por mais de uma hora, diante da parede. Na sua mente essa ação durara poucos segundos, mas no mundo regulado pelos relógios ocupara-a durante uma parte significativa da manhã.

Há pacientes afetados por tumores cerebrais, ou vítimas de acidentes, que manifestam alterações impressionantes do sentido do tempo e, às vezes, o perdem por completo. A vida dessas pessoas é muito difícil. A mais simples operação cotidiana, como levantar da cama para tomar café da manhã ou tirar as roupas antes de ir dormir, torna-se um desafio excruciante. Qualquer atividade baseada no controle de sequências temporais bem definidas, como falar, andar ou interagir com outras pessoas, torna-se uma tarefa impossível. A sua existência se desagrega numa série de eventos não ligados entre si, totalmente casuais.

O sentido do tempo

As neurociências modernas têm dado passos gigantescos na compreensão dos processos que nos permitem "sentir" o tempo. Descobriu-se que as lembranças abrangem o espaço e o tempo em que foram vividas e que também os nossos sonhos são organizados numa sequência temporal. O sentido do tempo está em atividade mesmo quando não estamos conscientes, e o nosso cérebro elabora processos temporais mesmo na ausência de percepções externas.

Para compreender melhor alguns dos mecanismos elementares, conduziram-se muitos estudos sobre o comportamento animal e realizaram-se experimentos até mesmo com insetos. A conclusão é que mesmo seres vivos dotados de estruturas cerebrais muito mais simples do que as nossas conseguem organizar sequências temporais, estimar a sua duração, avaliar os intervalos de tempo e organizar a espera.

Os exemplos mais comuns são os animais que, para sobreviver ao inverno, escondem alimentos em diversos lugares; ou os insetos sociais, como as formigas, que conseguem organizar complexas estruturas hierárquicas e se orientar nos labirínticos formigueiros — atividades que seriam impossíveis sem um forte sentido do tempo e do espaço.

São famosos alguns experimentos realizados com ratos, pombos e até com abelhas. Colocando alimento em lugares diferentes e em horários diferentes, observaram-se abelhas que voam no momento certo, precisamente para o lugar em que surgirá o alimento. Na verdade, nenhum inseto sobreviveria se fosse totalmente desprovido de mecanismos que lhe permitam se orientar no espaço e no tempo. Em alguns, parece confirmada até mesmo uma forma elementar de avaliação quantitativa, muito/pouco, que orienta as suas escolhas. Trata-se de mecanismos primordiais da evolução animal, que chegaram a nós porque se revelaram muito eficientes.

Reconstruir uma sequência de acontecimentos temporalmente ligados nos permite estabelecer nexos de causalidade e gera consciência: sei o que acontecerá depois e consigo também estimar a duração da espera. O sentido do tempo me beneficia na busca de alimentos, permite que eu me prepare para a ação ou para fugir de um perigo. São os nossos genes que nos transmitem esse instrumento fundamental para nos orientarmos no mundo.

As emoções e a memória desempenham um papel importante na construção do sentido do tempo nos seres humanos. É por isso que o tempo subjetivo pode se mostrar muito diferente do tempo medido pelo relógio. Uma série de fatores pode deformá-lo significativamente. Se estamos tranquilos e relaxados, estimamos durações inferiores às reais; no entanto, quando um criminoso nos ameaça, por exemplo, o tempo passa muito mais devagar e a angústia amplia cada instante; a experiência traumática é gravada na memória como se a vivêssemos em câmera lenta.

Quando temos um compromisso importante, põe-se em ação no nosso cérebro o mecanismo da espera e se produz uma previsão genérica sobre a sua duração. Conforme o tempo passa, com a inquietação que aumenta porque ninguém aparece, mecanismos automáticos comparam a espera efetiva e a espera prevista e avaliam a diferença; daqui nascem os mecanismos de ansiedade que nos levam a consultar compulsivamente o relógio ou o celular. Também nesse caso poucos minutos podem se tornar uma espera interminável.

O sentido do tempo permite que a consciência coloque ordem no ambiente externo e o organize de modo coerente, mas isso se dá de modo levemente diferente para cada um de nós. O tempo individual, subjetivo e pessoal, difere do tempo marcado pelos relógios porque pode ser desmesuradamente dilatado ou comprimido pelas nossas emoções.

Ainda mais intrigante é o que se descobriu sobre a ilusão do presente e da simultaneidade. Se estou diante do espelho e decido tocar o meu nariz, vejo o meu indicador roçando a ponta do nariz e percebo ao mesmo tempo a sensação tátil, mas tudo isso é um artefato. Os sinais visuais e táteis se moveram em velocidades diferentes no meu corpo e foram processados em zonas diferentes do cérebro. Cada uma extraiu a informação recorrendo a bancos de memória e experiências precedentes e, por fim, tudo foi reajustado no plano da consciência sincronizando o conjunto dos sinais que me dará a ilusão de que tudo ocorreu simultânea e instantaneamente. Na verdade, esse processo levou cerca de meio segundo, que é o retardo típico com que tomamos consciência do presente. Os mecanismos cerebrais que produzem a consciência ajustam as latências, comprimem os tempos de transmissão e anulam as diferenças que produziriam uma visão incoerente do mundo que nos rodeia. Sob certos aspectos, nunca vivemos no presente-presente, e sim num presente que se passou cerca de meio segundo atrás, que é lembrado e reelaborado pelo nosso cérebro.

Meio segundo não é pouco. Se não existissem mecanismos semiautomáticos desencadeando a ação bem antes que a consciência do evento se forme, seria um grande problema. Os corredores que competem nos cem metros levam pouco mais de um décimo de segundo para reagir ao disparo do revólver do juiz dando a largada. Aptidões individuais e treinamento constante os levam a automatizar a reação disparo-largada, e só depois de já terem percorrido alguns metros é que tomam consciência de que, de fato, houve a largada. O mesmo ocorre quando vemos o carro à nossa frente parar de repente; o reflexo semiconsciente que nos faz pisar no freio dispara bem antes que se forme a plena consciência de que corremos o risco de bater.

O presente que vivemos é, portanto, um artefato bastante complicado. Mas o nosso passado também é muito diferente do catálogo imutável das experiências vividas que imaginamos. Com efeito, a nossa memória é plástica: a cada vez que nos lembramos de um episódio, de certa forma o revivemos, acrescentando ou retirando algo à experiência original. As nossas emoções, até mesmo o estado de ânimo de um momento, podem modificar significativamente a experiência vivida. Basta o odor inesperado de um biscoito, de uma madeleine mergulhada no chá de tília, para despertar em Marcel Proust a saudade de um mundo inteiro. Sem esse evento fortuito, as experiências tão vívidas que *Em busca do tempo perdido* descreve teriam talvez continuado sepultadas para sempre na sua memória.

Mas há também um passado que nunca passa, como acontece com Christian, protagonista de *Festa de família*, a obra-prima cinematográfica de Vinterberg que estreou em 1998. Cabe a ele, filho primogênito, fazer o brinde de aniversário ao pai, por ocasião da grande festa pelos sessenta anos do chefe da família. Os Klingenfeldt são magnatas do aço, o ambiente é de alta burguesia e tudo emana elegância e polidez. Mas, no momento em que Christian ergue a taça, o passado-que-não--passa assume o controle e irrompe como um rio na enchente. Num silêncio gélido, o filho censura o pai pela violência sofrida quando criança. Na ocasião parece não acontecer nada; apesar daquelas palavras terríveis, o jantar prossegue numa atmosfera surreal. Mas alguma coisa se rompe e, lentamente, tudo soçobra na catástrofe.

Foi Sigmund Freud o primeiro a entender que uma experiência traumática pode se incrustar por anos nos meandros mais obscuros da alma humana e corroer toda a energia vital. Sepultada no inconsciente mais profundo, a dor de um episódio perturbador pode se reapresentar de súbito, com efeitos devastadores. No nosso tempo psíquico, o passado se entrelaça com o presente, às vezes morde-o e lhe injeta veneno.

Tampouco a relação com o futuro é simples. O nosso porvir não são as experiências que faremos e as coisas que irão acontecer. Sob certos aspectos, ele nos acompanha cotidianamente. O diálogo com o futuro, imaginado ou temido, condiciona os nossos dias. As expectativas, os sonhos que temos ou os medos inconfessáveis que se aninham dentro de nós se entrelaçam com o cotidiano vivido; o amálgama assim decorrente, enriquecido pelas experiências que vivemos, reorganiza-se como futuro coerente.

Para todos nós, parece uma coisa óbvia que o que nos acontece no presente sempre condiciona e, às vezes, determina o nosso futuro. Mas frequentemente acontece também o contrário — por exemplo quando nos ocorre um evento inesperado, que parece mandar pelos ares os nossos projetos para o futuro. Às vezes descobrimos retrospectivamente que aquele episódio do passado que, no momento, havíamos considerado uma verdadeira desgraça na verdade nos permitiu depois alcançar metas inimagináveis.

Em suma, o nosso sentido do tempo é indiscutivelmente concreto, mas a questão é muito mais complicada do que nos parece. Mesmo porque hoje vivemos numa sociedade complexa, em que o tempo desempenha um papel de rígido regulador de todas as nossas atividades e das nossas próprias vidas. Mas nem sempre foi assim.

Quando Chronos corria livre e selvagem

Em 10 de abril de 1815, uma gigantesca coluna de fumaça e poeira se ergueu do vulcão Tambora, na Indonésia. A enorme erupção, uma das maiores da história, resultou em dezenas de milhares de vítimas e produziu uma mudança global do clima. O ano seguinte, 1816, será lembrado no mundo inteiro como o ano sem verão e dará início a uma série de invernos muito frios, que dizimarão as colheitas. A explosão lançara na atmosfera uma quantidade realmente extraordinária de pedras, cinzas e outros materiais, demonstrando como podem ser devastadores os fenômenos do paroxismo vulcânico. Mas, mesmo graves, nenhum desses desastres nunca poderá competir com a catástrofe produzida pelo impacto de um asteroide.

A última das grandes colisões cósmicas que abalaram o nosso planeta remonta a 65 milhões de anos atrás. Um enorme bólido, de mais de dez quilômetros de diâmetro, atingiu a península de Iucatã, no México, perto da atual aldeia de Chicxulub. Podemos entender o que ocorreu naquela circunstância pela análise dos sedimentos e pelas prospecções efetuadas no mundo todo. O impacto produziu uma cratera com 180 quilômetros de diâmetro e profundidade de trinta quilômetros, e lançou na atmosfera mais de 1 milhão de quilômetros cúbicos de material. A imensa quantidade de poeira e detritos obscureceu o céu por muitos séculos e desencadeou as terríveis convulsões climáticas que levariam ao fim dos grandes répteis. Foi a última das cinco extinções em massa conhecidas no nosso planeta.

Quando os primeiros hominídeos apareceram na Terra, a era das grandes catástrofes já terminara muito tempo antes. Nem os nossos antepassados mais remotos viveram uma época em que algum cataclismo tenha devastado por décadas a alternância tranquilizadora do dia e da noite.

Dias escuros, frequentemente devido a erupções vulcânicas que escureceram o céu, foram documentados historicamente em muitos países, mas eram sempre episódios isolados, logo esquecidos quando as coisas voltavam à normalidade. A família dos primatas à qual pertencemos acostumou-se a viver no centro de um sistema ordenado e regular, que nos parece imutável.

Nesse nosso passado remoto, a humanidade não precisava medir a passagem do tempo. Durante milhares de gerações, os nossos antepassados caçadores-coletores organizaram as suas atividades seguindo o ciclo natural de sucessão do dia e da noite e da alternância das estações. O Sol, a Lua e planetas constituíam os ponteiros do grande relógio celeste que ritmava as suas existências.

Quis o acaso que o planeta que ocupa a terceira órbita do sistema solar gire sobre si mesmo 365 vezes enquanto realiza um giro completo em torno do Sol. No mesmo período, por um conjunto de circunstâncias ainda mais curiosas, a Lua se mostra aos habitantes da Terra em todo o seu esplendor, plenamente iluminada, numa dúzia de ocasiões. Essa combinação acompanhou por milênios a vida e a atividade da longa sequência de gerações que nos antecederam.

Naquelas épocas distantes, o tempo era apenas uma sucessão de dias marcada por ciclos lunares e estações que retornavam regularmente. Acordava-se ao nascer do Sol; comia-se quando se estava com fome, desde que houvesse alimento suficiente, o que era muito raro de acontecer; quando chegava a noite, descansava-se. O ciclo natural e o relógio biológico produzido pela evolução caminhavam em perfeita harmonia.

Tal como aconteceu com inúmeras espécies vivas, também no caso humano várias atividades se sincronizaram com o ciclo natural do dia e da noite. Plantas muito comuns, como a *Mimosa pudica*, têm folhas que se fecham quando escurece e se abrem de novo à primeira luz da manhã. O surpreendente é que esse ciclo permanece praticamente inalterado mesmo quando a planta é mantida sempre no escuro. Clara evidência de um mecanismo interno, um relógio biológico geneticamente determinado, que opera prescindindo dos sinais luminosos.

De alguma forma, todos os seres vivos do planeta Terra devem se adequar às mudanças cotidianas produzidas pela rotação terrestre. A evolução selecionou genes temporizadores dos mecanismos bioquímicos das células, que lançam as suas raízes nas profundezas da nossa vida ancestral e que se desenvolvem em ciclos de 24 horas, os ritmos circadianos, termo derivado de *circa diem*, "cerca de um dia".

Alguns supõem que esse andamento periódico foi uma vantagem evolutiva para as protocélulas, que na duplicação do DNA podiam se proteger dos altos níveis de radiação ultravioleta da luz solar. Com efeito, existem fungos que replicam o seu patrimônio genético nas horas noturnas, mas ainda estamos distantes, talvez, de ter compreendido todas as sutilezas. Também se comprovou a presença de relógios circadianos nas cianobactérias procariotas, uma das formas de vida mais antigas do planeta, cuja origem remonta a 3,5 bilhões de anos atrás.

Disso nasce o nosso ritmo circadiano — de nós, humanos —, um complexo jogo de produção e supressão de melatonina, secreção de cortisol, variações da temperatura e de outros parâmetros ligados ao sistema cardiocirculatório que se desenvolve, justamente, nas 24 horas. No nosso corpo agem bilhões de células especializadas, que contêm, porém, o mesmo código de informações hereditárias e têm uma frequência própria de oscilação. O sistema nervoso central, como um grande maestro, coordena todas as suas atividades e se empenha para que não haja grandes perturbações.

Os mecanismos que governam os ciclos circadianos nos seres humanos são muito complexos, mas não há dúvida de que fomos programados biologicamente para sermos animais diurnos, muito mais ativos de dia do que à noite. O nosso comportamento, o metabolismo e a fisiologia do nosso corpo são sincronizados nesse ciclo de 24 horas. As nossas pálpebras fechadas, que são semitransparentes, deixam passar cerca de 20% da luz, determinando um mecanismo de sinais neurais de luz e de escuridão. Mesmo quando dormimos, o nosso aparato visual dialoga com o sistema nervoso central para regular os ritmos circadianos, sincronizando-os com os ciclos de sono e vigília. É por isso que, como já aconteceu a todos nós, às vezes acordamos de repente, embora ainda cansadíssimos, só porque a janela estava entreaberta e um raio de sol matutino penetrou no quarto.

Jeffrey C. Hall, Michael Rosbash e Michael W. Young, os cientistas que demonstraram os mecanismos moleculares que controlam os ritmos circadianos do homem, foram agraciados com o prêmio Nobel de medicina em 2017.

Assim, durante longuíssimo tempo, os relógios fomos nós. O nosso relógio interno, que hoje perturbamos a cada vez que cumprimos turnos à noite ou fazemos viagens intercontinentais, lembra-nos implacavelmente de sua existência, gerando várias formas de mal-estar.

Engaiolar o tempo

Não sabemos onde estava nem a que atividade se dedicava aquele primeiro ser humano que teve a ideia de explorar a sombra de uma vara cravada no solo. Bastava usar como referência alguns seixos espalhados no terreno para ter uma ideia bastante precisa do tempo que restava à disposição. Talvez fosse um coletor que se afastara demais da caverna que abrigava o seu clã. Ou um pastor em busca de novos pastos, que receava perder o caminho de volta para retornar ao seu refúgio, no cair da noite. Com toda probabilidade, desde tempos imemoriais observava-se a altura do Sol no céu para estimar quanto faltava para vir a escuridão. Pois com a escuridão vinham os perigos. O matagal se tornava o reino dos grandes predadores noturnos e o caminho para o abrigo podia esconder indivíduos hostis, prontos para a emboscada.

As primeiras gaiolas de Chronos foram relógios solares e calendários, que precedem os relógios em milhares de anos. Tem-se a sua grande difusão com a revolução agrícola, o nascimento dos comércios, a formação das primeiras comunidades urbanas e das grandes civilizações. Os novos métodos de cultivo permitem que as populosas comunidades de indivíduos acumulem alimentos e recursos. Mas tudo isso traz a necessidade de seguir o ritmo das estações ou de prever as cheias periódicas de um grande rio, para organizar as semeaduras e as colheitas. Assim as lunações, o solstício, o período do retorno regular dos produtos da terra, silvestres ou cultivados, tornaram-se a base de uma nova relação com o tempo.

Em muitas culturas, os mitos fundadores se entrelaçaram com a construção do calendário, por meio do qual definiram uma data de início dos tempos. Para os maias, era 11 de agosto de 3114 a.C.; para a Bíblia, a criação do mundo se dera em 6 de outubro de 3761 a.C., data ainda hoje usada pelos judeus ortodoxos que seguem o calendário tradicional.

O instrumento de medição mais antigo, documentado no Egito por volta de 1500 a.C., era um relógio solar rudimentar, que explorava a sombra projetada no terreno por uma estela ou um obelisco. Para medir o tempo, desenvolveram-se também relógios d'água e clepsidras. O movimento aparente do Sol, o aparecimento da estrela Sirius e a Lua, com o seu ciclo quase mensal, constituíram a base dos primeiros calendários. Para os egípcios, o ano começava em 20 de junho, dia em que a cheia do Nilo alcançava Mênfis, e era subdividido em três estações de quatro meses cada: a inundação, o reaparecimento da terra após o refluxo e a colheita.

Desde 2150 a.C. os egípcios dividiam a noite em segmentos. O dia era subdividido em duas partes iguais, de doze horas cada uma. A divisão do dia em 24 horas certamente remonta aos caldeus e aos assírio-babilônios, por volta do século VIII a.C. A eles devem-se também a divisão sexagesimal das horas e a do ângulo completo em 360 partes.

Os assírio-babilônios, a partir do segundo milênio a.C., possuíam um calendário lunar de doze meses, cada um com 29 ou trinta dias. Havia festas em todos os meses para o plenilúnio e para o novilúnio, e tornou-se natural subdividi-los nas quatro fases principais do ciclo lunar. Já com Hamurábi, por volta de 1800 a.c., apareceu um sacrifício no sétimo dia, no final da primeira fase lunar; mais tarde, quando se introduziu uma celebração no início da terceira fase lunar, havia nascido a semana. Tudo isso chegará a nós por vias indiretas, transmitindo-se antes a judeus e gregos e depois, com Roma, difundindo-se para todas as regiões do Império.

Segundo a tradição mitológica, o calendário romano foi instituído por Rômulo, fundador e primeiro rei da nova cidade. Na verdade, a data de nascimento da Urbe foi estabelecida já em plena República, nos tempos de Júlio César, por um grande erudito: Marco Terêncio Varrão. Desde então, começou-se a contar os anos a partir de 21 de abril de 753 a.C., considerada a data de fundação da cidade, *ab urbe condita*, com a sigla AUC. Deve-se a Júlio César a primeira grande reforma do calendário, que se tornou, precisamente, o calendário juliano.

A era cristã, isto é, a prática de começar a contar os anos a partir do nascimento de Jesus Cristo, foi introduzida em 525 d.C. por Dionísio, o Exíguo, um monge católico de origem cita, especialista bíblico, além de astrônomo e matemático. Um processo análogo ocorreu algum tempo depois no mundo islâmico, onde a contagem dos anos se iniciava a partir de 622 d.C., data da Hégira, quando Maomé deixou Meca para ir a Medina. O calendário mais difundido atualmente, exportado pelos europeus para os outros continentes e utilizado com finalidades civis em todo o mundo, é o calendário gregoriano, uma modificação do calendário juliano introduzida pelo papa Gregório XIII em 1582.

Clock, o termo inglês para relógio, deriva do alemão *Glocke*, sino, recordando que, durante muitos séculos, na Europa da Alta Idade Média, era o som dos sinos das igrejas e dos mosteiros que marcava a vida da comunidade. As badaladas ritmavam o dia e a noite, anunciavam festas ou reuniões políticas. Eram os sinos que despertavam o burgo para que iniciasse o trabalho e prenunciavam o crepúsculo para que todos voltassem às suas casas. Os sinos a rebate convocavam à reunião para apagar um incêndio ou repelir um ataque inimigo; os lúgubres convocavam à oração por alguém que entrara em agonia. O som dos sinos estava tão enraizado na vida das cidades medievais que gerou hábitos que persistiram por muito tempo, sobrevivendo durante séculos à introdução dos primeiros relógios.

A necessidade de construir instrumentos mais sofisticados para medir o tempo se desenvolve com o renascimento das cidades e da economia urbana no final da Idade Média. O tempo dos mercadores gradualmente adquire primazia sobre o tempo da Igreja.

Os primeiríssimos relógios, além de obras-primas do engenho humano, eram verdadeiras obras de arte, mas exigiam ajustes constantes para funcionar com regularidade. Engastados nas torres e nos campanários das praças centrais das cidades, enriquecidos com os movimentos mecânicos de autômatos e marionetes que marcavam as horas ou os momentos de destaque do dia, eles despertavam admiração e sempre atraíam uma pequena multidão de crianças ou camponeses em visita. Mas eram capazes também de se tornar símbolo de invejas e conflitos. Nas guerras de então, quando se depredava a cidade derrotada os vencedores se apossavam dos relógios, que eram exibidos como butim. Ainda hoje, no campanário de Notre-Dame em Dijon, na França, destaca-se aquele que muitos consideram ser o primeiro relógio mecânico fabricado na Europa. Trata-se de uma maravilha da técnica construída no século xiv para a cidade flamenga de Courtrai, que foi desmontado e transferido para a sua capital pelo duque de Borgonha, Filipe ii, o Temerário, quando saqueou Flandres, em 1383.

Os primeiros relógios mecânicos de engrenagens circulares são dotados de uma roda de escape, um sistema que traduz o movimento oscilatório do balancim em rotação de uma engrenagem. A representação do decurso do tempo numa face circular permite explorar melhor o andamento cíclico do tempo cotidiano e avaliar num olhar o tempo decorrido desde aquele momento e o tempo restante para concluir uma determinada atividade.

A precisão dos movimentos mecânicos possibilita uma subdivisão muito acurada do tempo, que atende às exigências de uma sociedade em que se multiplicam as trocas e relações. As oficinas de artesãos se tornam as primeiras grandes manufaturas e põem em movimento atividades comerciais em escala continental que requerem uma gestão mais precisa do tempo.

O ponteiro dos minutos fez o seu aparecimento nos relógios no final do século xvii; pouco depois, surgiu nos dispositivos mais sofisticados o pequeno ponteiro que marcava os segundos. Mas Galileu, quando fazia os seus primeiros experimentos, ainda usava a batida regular do pulso para medir os intervalos de tempo. Posteriormente, utilizando uma clepsidra, ele conseguirá atingir um grau de precisão da ordem de um décimo de segundo, suficiente para analisar a dinâmica de um movimento de pequenas esferas que descem de um plano inclinado. Os seus próprios estudos sobre o isocronismo das oscilações do pêndulo incentivarão o desenvolvimento de novos dispositivos sempre mais avançados, que serão utilizados para aumentar a precisão das observações astronômicas e serão fundamentais para a navegação. Cronômetros mais precisos permitirão uma melhor determinação da longitude em mar aberto, parâmetro decisivo para o sucesso dos tráfegos marítimos que nascerão das grandes explorações.

O triunfo de Chronos

O advento da Revolução Industrial assinala o triunfo do tempo, que se torna onipresente e permeia todos os aspectos da vida: marca o ritmo dos dias nos locais de trabalho, define as pausas concedidas aos operários, mede os seus salários, regula e estabelece com precisão também os períodos dedicados ao lazer ou ao descanso para recuperar as energias. Os humanos, com os seus sonhos de engaiolar Chronos, descobrem horrorizados que, na verdade, aprisionaram apenas a si mesmos. Surgem milhares de relógios nas fábricas e nos locais públicos das cidades, depois entram nas casas e se tornam acessórios pessoais indispensáveis. Começam a aparecer nos bolsos dos senhores e acabam por se alastrar no pulso de todos. Inclui-se uma multidão de cronômetros em todos os instrumentos de trabalho, de transporte ou de comunicação. O *clock* define os ciclos dos processadores nos celulares, nos computadores, nos GPS, em todos os tipos de máquinas de processamento. Tudo se move ao ritmo cadenciado produzido por bilhões de relógios. Levantamo-nos da cama não quando estamos totalmente descansados, mas no momento em que toca o despertador; comemos não porque estamos com fome, mas porque vemos que chegou a hora da refeição; deitamo-nos não porque estamos cansados, mas quando o relógio nos autoriza a ir dormir.

O triunfo de Chronos na sociedade moderna é absoluto. A nossa concepção de tempo, que costumamos utilizar para cada tarefa cotidiana, pressupõe uma espécie de relógio universal cujo tique-taque prossegue imperturbável, preciso e regular, desdenhosamente indiferente a tudo. Se numa manhã acordamos tarde e vamos correndo para o escritório, sabemos que a hora assinalada no nosso relógio ou celular é a mesma que o nosso chefe está verificando, perplexo, enquanto contempla a nossa escrivaninha ainda vazia. Se imaginamos que, naquele mesmo instante, os pilotos do avião que vemos passar entre as nuvens ou um grupo de alpinistas que está no alto de uma montanha nas redondezas estão consultando o relógio, não temos dúvida de que todos estão lendo a mesma hora.

Sim, sabemos que, quando tomamos um voo de Roma a Nova York, temos de levar em conta a diferença de seis horas que separa o horário das duas cidades. Por alguns dias o nosso corpo se lembra disso, com os estímulos da fome e do sono que intervêm nos momentos errados do dia; sabemos que os 24 fusos horários no globo definem horas diferentes para o mesmo número de fatias em que o nosso planeta é subdividido idealmente. Mas, tão logo nos habituamos a esse mecanismo, tudo segue tranquilo; afinal, o novo fuso horário sempre tem como referência o Tempo Médio de Greenwich (GMT, na sigla em inglês), identificável com o grande relógio imaginário que rege, em perfeita sincronia, a orquestra de todos os relógios do mundo.

Estamos convencidos de que o tempo é absoluto, que o seu decurso é igual na Terra, na Lua, em Marte, em qualquer lugar do universo. Em nível inconsciente, imaginamos um centro nevrálgico que define o ritmo subterrâneo com que todos os mecanismos da ordem universal estão sincronizados.

As bases teóricas de uma ideia tão difundida foram lançadas por Isaac Newton, o grande cientista inglês que publicou em 1687 uma das suas afirmações mais famosas: "O tempo absoluto, verdadeiro e matemático, por si e por sua própria natureza, flui uniformemente sem relação com qualquer coisa externa, e é também chamado de duração".

Para descrever as leis do movimento, Newton precisa imaginar o espaço e o tempo como axiomas absolutos; um pano de fundo eterno, imutável e imperturbável ao qual os movimentos se sobrepõem. O parâmetro t, que descreve o tempo, cuja variação elementar dt define uma pequena duração, deve ser independente do todo. O espaço e o tempo assim se tornam dois recipientes eternos e incorruptíveis. Os acontecimentos do universo se desenrolam no conjunto desse cenário imutável, cujo olhar é de suma indiferença. O tempo de Newton é um tempo absoluto, totalmente independente da matéria cósmica, e por isso o filósofo George Berkeley, contemporâneo seu, irá acusá-lo de reintroduzir a metafísica na ciência. O tempo absoluto implica a simultaneidade dos eventos, pode-se sempre definir o instante preciso em que dois fenômenos ocorrem simultaneamente a uma enorme distância entre eles, e virtualmente também a uma distância infinita.

É a abordagem que nos é mais familiar. É a que nos permitiu utilizar o tempo para, primeiramente, torná-lo um instrumento de sobrevivência da espécie e, depois, para permitir que nós, estranhos macacos antropomorfos, ocupemos todos os nichos ecológicos do planeta. Mas, no exato momento em que tivemos a ilusão de dominar o tempo, rompendo-o em fragmentos cada vez menores, quando pensávamos que realmente o agarráramos, mais uma vez ele escapou das nossas mãos.

Essa concepção do tempo absoluto foi, de fato, seriamente questionada pela física moderna. No momento do máximo triunfo do tempo, quando todos os ritmos vitais da sociedade já estão dominados por Chronos, quando a precisão alcançada no exame dos meandros mais sutis do tempo parece não ter fronteiras, eis que o tempo entra em crise, começa a vacilar, se contorce e acaba por se estilhaçar em mil fragmentos.

PARTE II

Onde o tempo para

3. A estranha dupla

Há uma frase famosa que o *New York Times* atribuiu a Albert Einstein, embora não haja nenhum testemunho direto de que ele realmente a tenha dito. É citada com frequência porque sempre impressiona o imaginário coletivo: "Sente-se por duas horas ao lado de uma moça bonita e vai parecer que se passou um minuto. Mas sente-se em cima de um aquecedor em brasa por um minuto e vai parecer que se passaram duas horas. Isso é a relatividade". Na verdade, não tem nada a ver com a teoria que mudou a nossa forma de olhar o tempo.

O tempo absoluto de Newton funcionou muito bem para construir sociedades humanas sempre mais complexas. Organizando as nossas atividades no ritmo sincronizado de uma multidão de relógios, conseguimos povoar todos os cantos da Terra com bilhões de semelhantes nossos. Mas essa grandiosa arquitetura mental, tão bem concebida, desmoronou por causa de um detalhe aparentemente insignificante. Ocorreu nos primeiros anos do século XX, quando alguns cientistas tentaram entender melhor o eletromagnetismo.

Entre eles, Einstein foi o primeiro a se dar conta de que, se continuássemos a considerar o tempo absoluto — isto é, livre de qualquer ligação com a matéria, medido por um relógio imperturbável, que prossegue a uma velocidade fixa e independente de tudo —, ficaríamos enredados num emaranhado de paradoxos.

Tempo que se liquefaz e se despedaça

Para Newton e Galileu as coisas eram simples: se, estando parado, atiro uma pedra e a sua velocidade em relação ao solo é de trinta quilômetros por hora, quando a lanço com a mesma força estando num cavalo que galopa a cinquenta quilômetros por hora a sua velocidade passa a ser de oitenta quilômetros por hora. Tudo claro e verificável por qualquer pessoa. Chama-se lei de adição das velocidades.

Mas as coisas mudam radicalmente se o cavaleiro, em vez da pedra, atirar fótons, isto é, partículas de luz — ou seja, simplificando: se acende uma lanterna ou usa um pequeno laser. Os fenômenos eletromagnéticos produzidos por corpos em movimento são cheios de armadilhas, porque a velocidade com que a luz se propaga no vazio é constante e sempre igual a c. Nada pode correr a uma velocidade superior.

Nesse ponto estamos numa armadilha: ou renunciamos à hipótese de que a velocidade da luz é constante ou somos obrigados a concluir que, para o cavaleiro a galope, espaço e tempo são deformados. Somente assim é possível justificar a observação de que a luz não aumenta a sua velocidade de propagação, embora o laser que a emite corra à mesma velocidade do cavalo. O caminho percorrido pela luz a cada segundo se mantém o mesmo. Para o cavaleiro, observado do exterior, o espaço se contrai e o tempo se dilata. Para simplificar, o relógio no pulso de quem cavalga anda mais devagar em comparação ao relógio idêntico de quem observa a sua corrida com um binóculo.

Ficamos perplexos e desconcertados com isso simplesmente porque, no nosso mundo, jamais vimos coisas desse gênero.

Mas se, por exemplo, pudéssemos nos mover à velocidade dos elétrons das máquinas de raios X usadas para as radiografias nos hospitais, não ficaríamos tão surpresos. Faria parte da nossa experiência ver que tudo ao nosso redor muda de forma, e não nos surpreenderíamos em encontrar grandes diferenças na hora marcada pelos relógios. Mas ninguém jamais conseguiu fazer uma experiência desse tipo porque somos pesados demais.

A teoria da relatividade desfere um tremendo golpe no tempo absoluto de Newton, que, além de não ser rígido e imutável, perde também a sua independência em relação ao espaço. Espaço e tempo se mostram estreitamente ligados entre si e ambos dependem da velocidade dos corpos. Para um objeto que se move em relação a um observador externo, o tempo se dilata e o espaço se contrai na direção do movimento. Os dois fenômenos estão intimamente ligados porque somente assim a velocidade da luz permanece constante em todos os referenciais inerciais. Não existe mais um tempo idêntico para todos os possíveis observadores do universo.

As consequências são perturbadoras: dois eventos que são simultâneos num referencial podem não o ser em outro. Assim, o relógio universal de Newton se fragmenta numa infinidade de tempos locais que desorganiza o sistema ordenado e coerente que havíamos imaginado. O observador em movimento vê ocorrerem numa sequência temporal diferente eventos que localmente são simultâneos.

Mas até que ponto pode chegar essa subversão das sequências temporais ordinárias? Podemos imaginar um observador em movimento para o qual o futuro precede o passado? Podemos embaralhar também o princípio de causalidade?

Para nossa sorte, isso não é possível. Nenhuma sequência relacionada causalmente como antes-depois, causa-efeito, pode ser invertida. Nenhum observador que olha de longe o planeta Terra poderia me ver brincando com meus filhos e, algum tempo depois, ver o primeiro beijo dos meus pais. A proteção se deve também ao fato de que nenhum fenômeno pode ocorrer em velocidade superior a c. Se alguém visse o efeito antes da causa, por exemplo a bola que balança a rede antes que Cristiano Ronaldo a chute da marca do pênalti, isso significaria que a ação do gol ocorreu a uma velocidade superluminal — o que a relatividade não permite nem aos melhores jogadores de futebol. A consequência desse limite é que, em qualquer referencial inercial, todo observador verá necessariamente a causa precedendo o efeito.

Outra consequência da relatividade especial é que c se torna uma velocidade-limite para os corpos materiais, dotados de massa. Somente os objetos desprovidos de massa, como os fótons, podem viajar a c. Corpos ou partículas dotadas de massa poderão se aproximar da velocidade da luz, mas jamais a alcançarão. Ao se aplicar uma aceleração constante a um corpo material, aumenta-se a sua energia, porque a velocidade cresce. Mas, quando não é possível aumentar a velocidade, a energia transmitida ao corpo se transforma em massa. Aproximando-se de velocidades relativísticas, qualquer corpo aumenta desmedidamente a sua massa: energia e massa são dois modos diferentes de indicar a mesma coisa: $E = mc^2$.

Como se essas primeiras subversões já não fossem suficientemente clamorosas, dez anos depois Einstein desferiu um segundo golpe, esse sim mortal.

Para a relatividade especial, espaço e tempo estão indissociavelmente ligados e formam uma estrutura contínua e quadridimensional: o *espaço-tempo*. A primeira formulação dessa nova representação se deve a um jovem matemático lituano, Hermann Minkowski. Ao expor a sua ideia no congresso dos médicos e naturalistas alemães ocorrido em Colônia em 21 de setembro de 1908, poucos meses antes de morrer em consequência de uma banal crise de apendicite, ele extraiu lucidamente as suas consequências: "De agora em diante, o espaço em si e o tempo em si estão condenados a se dissolver em meras sombras, e somente uma espécie de união dos dois manterá uma realidade independente". Reza a lenda que, no leito de morte, nos intervalos das dores lancinantes devidas à peritonite, ele continuava a fazer anotações e cálculos para desenvolver as suas teorias.

Os relógios moles

Port Lligat é um minúsculo vilarejo da Catalunha, na Espanha, a poucos quilômetros da fronteira com a França. Em 1930, Salvador Dalí se encanta com o local e compra uma pequena casa de pescadores, para onde se muda com Gala — o apelido afetuoso pelo qual ele trata Elena Ivanovna Diakonova, a sua companheira e musa inspiradora. Os dois estão profundamente envolvidos no movimento surrealista, a corrente artística fundada em 1924 por André Breton e Paul Éluard, poeta com quem Gala fora casada ante de se unir a Dalí. Fortemente influenciados pelos trabalhos de Freud sobre a psique, os surrealistas dão grande espaço nas suas obras ao mundo do inconsciente: desenvolvem técnicas de automatismo psíquico, põem formas oníricas no centro das suas representações e combatem qualquer tentativa de controle racional da expressão, dando livre espaço à potência evocadora dos sonhos.

Em 1931, na sua casa de praia, Dalí pinta uma pequena tela de 24 × 33 centímetros, que se tornaria um dos seus quadros mais famosos. O pano de fundo é a paisagem marinha de Port Lligat, uma praia deserta com os recifes submersos numa luz transparente e melancólica. No primeiro plano, há uma estrutura geométrica, uma árvore desfolhada e três relógios deformados, quase liquefeitos. Aparentemente funcionando, cada um deles marca uma hora diferente. Um quarto relógio de cabeça para baixo está coberto de formigas. No chão uma forma indistinta, talvez um fragmento de autorretrato em perfil do próprio pintor. Por muito tempo o título do quadro é *Os relógios moles*; mais tarde, o próprio Dalí o substitui por *A persistência da memória*, e com esse nome a tela se encontra atualmente exposta no MoMA de Nova York.

Anos depois, para explicar com uma pitada de provocação a origem do quadro, Dalí contou que a ideia dos relógios moles lhe viera porque ele e Gala, naquela noite, tinham comido ao jantar um ótimo Camembert e, antes de pegar os pincéis e a paleta, havia refletido longamente sobre a maciez e o aspecto quase liquefeito do famoso queijo francês. Num escrito publicado na revista *Minotaure*, no inverno de 1935, Dalí afirmava: "O tempo é a dimensão delirante e surrealista por excelência" — palavras que ecoavam aquelas pronunciadas por Minkowski poucos meses antes de morrer.

Dalí sempre mostrou curiosidade pelas novidades científicas; lia artigos de divulgação sobre a relatividade e queria conhecer Einstein, como conseguira fazer com Freud, mas o encontro nunca ocorreu. Vivia, certamente, numa época em que intuições e descobertas ligadas à relatividade estavam se difundindo para além do círculo restrito dos especialistas.

Em 1915, partindo do espaço-tempo quadrimensional de Minkowski, Einstein ampliara o seu modelo anterior com a teoria da relatividade geral: a massa e a energia curvavam o espaço-tempo, e o efeito dessa curvatura é o que chamamos de gravidade.

Onde quer que haja uma certa quantidade de energia, ou uma massa, o espaço-tempo se deforma. O grau de curvatura depende da quantidade de massa ou de energia, e os corpos materiais circundantes seguirão as linhas deformadas da nova geometria. O Sol, com a sua massa enorme, curva o espaço-tempo, formando uma espécie de buraco em quatro dimensões, e a Terra não pode senão seguir a órbita que o circunda. É uma nova maneira de ver aquela gravidade que Newton havia tão sabiamente descrito.

Porém na relatividade geral há muito mais, pois o tempo também se deforma. Curvando o espaço-tempo, a massa e a energia modificam localmente também o decurso do tempo. Quanto mais o espaço se deforma, mais o tempo se dilata. Perto das grandes massas, onde o campo gravitacional é mais forte, o tempo passa mais devagar em relação a observadores situados em zonas de campo mais fraco.

O tempo universal de Newton se desfaz numa espécie de poeira, um caleidoscópio de minúsculos relógios locais, cujo tique-taque não só está fora de sincronia com todo o resto como também varia de modo contínuo, incessantemente. A cada ponto corresponde uma curvatura específica, que depende da distribuição de energia e massa do universo inteiro em relação àquela posição específica, em cada momento. O tempo passa com ritmos diferentes em cada ponto do universo, e o seu fluxo varia no tempo e também ponto por ponto, em função das mudanças dinâmicas na distribuição de massa e energia do universo inteiro.

Com a relatividade geral, o tempo absoluto de Newton recebe outro tremendo golpe, e só lhe resta ir à lona.

Uma fantástica precisão

Mas por que não tínhamos percebido nada disso? Porque, no nosso mundo cotidiano, as diferenças são infinitesimais; nenhum de nós consegue viajar a velocidades remotamente comparáveis à da luz. Na verdade, 300 mil quilômetros por segundo é uma velocidade tão desmesurada que nem nos diz muita coisa. Talvez comecemos a entender se falarmos de 1 bilhão de quilômetros por hora. A essa velocidade, num segundo poderia se dar mais de sete voltas ao redor da Terra, ou chegar num salto à Lua.

Nem mesmo os astronautas da Estação Espacial Internacional (ISS, na sigla em inglês), que também orbitam em torno de nós à considerável velocidade de quase 28 mil quilômetros por hora, estão sujeitos a efeitos relativísticos significativos. Por causa da grande velocidade, para cada ano de permanência em voo eles ganham 10,4 milissegundos de vida. Mas, como a astronave orbita a 408 quilômetros acima da superfície terrestre, o campo gravitacional lá no alto é mais fraco e o tempo corre mais rápido, e por isso perdem cerca de 1,4 milissegundos por ano. No fim, o ganho líquido, por assim dizer, seria de nove milissegundos de vida para cada ano passado em órbita. Samantha Cristoforetti, a astronauta italiana que ficou mais de seis meses a bordo da iss, ganhou, portanto, cerca de cinco milissegundos. É difícil encontrar uma confirmação desse cálculo, ainda mais porque o corpo dos astronautas em órbita é submetido a numerosos estresses, devido aos raios cósmicos e às condições de microgravidade, que sem dúvida são mais danosos para a saúde, em comparação aos eventuais benefícios decorrentes da relatividade.

Se os efeitos relativísticos são tão pequenos para as astronaves mais velozes que conseguimos construir, tornam-se absolutamente desprezíveis em todos os aspectos da nossa vida cotidiana. O interessante, porém, é que há algumas décadas somos capazes de mensurá-los com grande precisão e de verificar em detalhe as previsões de Einstein.

Para medir o tempo, sempre se utilizaram fenômenos periódicos: o batimento do pulso, o movimento aparente do Sol ao redor da Terra ou um pêndulo que realiza pequenas oscilações. Na história da medição do tempo, a precisão foi sempre aumentando conforme se utilizassem fenômenos físicos caracterizados por oscilações de frequência cada vez maior. Por isso houve a passagem dos relógios de pêndulo para os de quartzo, chegando depois aos relógios atômicos. A revolução científica do início do século xx nos deu instrumentos para entender e investigar os fenômenos característicos dos sistemas atômicos, e ali se encontraram transições periódicas de altíssima frequência, que seguem um ritmo mais regular e mais preciso do que qualquer outro fenômeno natural utilizado até então.

Os primeiros relógios atômicos foram desenvolvidos por volta dos anos 1950 e logo se revelaram, de longe, os instrumentos de medição de tempo mais exatos, estáveis e reprodutíveis. Utilizando átomos de um metal bastante raro, o césio, resfriados a uma temperatura próxima do zero absoluto, é possível obter oscilações periódicas muito precisas: com uma solicitação externa adequada, os elétrons atômicos mudam de nível energético, depois voltando rapidamente ao estado original e retomando desde o início toda a sequência. As oscilações dos elétrons do césio se mostraram tão precisas que, em 1967, decidiu-se tomá-las como base para a nova definição de segundo. Para se ter uma ideia do salto de qualidade, basta lembrar que um bom relógio de quartzo pode ter um erro de alguns segundos por ano, enquanto os relógios atômicos erram um segundo em alguns milhões de anos. Recentemente foi possível construir protótipos experimentais que errariam um segundo a cada 15 bilhões de anos, um tempo superior à atual idade do universo.

Os esforços para melhorar ainda mais a precisão nas medições do tempo prosseguem incessantes. Por que essa obsessão? Na história da física, sempre que se encontrou um modo mais preciso de medir o tempo, fizeram-se descobertas cruciais. Alguns pensam, por exemplo, em tentar verificar se as constantes fundamentais da física são realmente constantes no tempo. A precisão extrema desses novos dispositivos permitiria submeter a estresse os princípios basilares do eletromagnetismo, da gravidade e da mecânica quântica.

Nas fronteiras dessa pesquisa situa-se o trabalho do cientista americano David Wineland, que ganhou o prêmio Nobel de física em 2012 junto com o francês Serge Haroche. Wineland está tentando usar as transições rapidíssimas e extremamente estáveis de cada íon preso em sistemas ultrafrios. Ele tenta explorar as propriedades da mecânica quântica para obter relógios ainda mais precisos do que os melhores relógios atômicos.

Os resultados obtidos são promissores a ponto de permitir medições que até algumas décadas atrás eram impensáveis. Com seus relógios quânticos, Wineland consegue medir o campo gravitacional que enfraquece quando o seu aparato é elevado algumas dezenas de centímetros. E com isso pode-se considerar que se fechou o círculo. Depois de, por milênios, ter utilizado o espaço para medir o tempo, hoje somos capazes de fazer também o oposto, isto é, medir a altura de um objeto registrando a minúscula variação do tempo devida à relatividade geral.

Ganhar dinheiro com a relatividade

Explorando a precisão dos primeiros relógios atômicos, foi possível verificar em detalhe os efeitos sobre o tempo postulados por Einstein. Registraram-se as diferenças previstas pela relatividade especial e geral em relógios idênticos colocados em aviões comerciais que sobrevoam a Terra em direções opostas, ou instalados em Turim e nos Alpes, no Plateau Rosa, 3250 metros acima do nível do mar.

Porém ainda mais surpreendente foi descobrir a que ponto as correções das medidas do tempo devidas a efeitos relativísticos eram fundamentais para o desenvolvimento de um sistema global de comunicações. Quando Einstein escreveu o famoso artigo de 1915, ninguém poderia imaginar que, um século depois, o Google ganharia rios de dinheiro explorando a relatividade geral.

O nosso planeta é cercado por uma teia de satélites que são usados para as finalidades mais variadas. Muitos nos permitem telefonar e receber canais de televisão do mundo todo. Outros controlam a meteorologia, ou produzem imagens de cada região do globo para estimar recursos e prevenir incêndios; outros ainda fazem parte de um sistema de espionagem militar a partir do espaço. Famílias de satélites especializados seguem o deslocamento de meios móveis para dar segurança à navegação aérea e naval. Alguns fornecem o serviço de um sistema global de posicionamento, o GPS, que nos permite ver num mapa a posição do nosso celular do automóvel em que viajamos.

É uma rede planetária constituída por milhares de satélites que ocupam órbitas entre trezentos e cerca de 36 mil quilômetros de altitude. Essa última é a faixa muito cobiçada dos satélites geoestacionários, isto é, que dão a volta ao redor da Terra em cerca de 24 horas, de modo que a sua posição aparente se mostra fixa no céu. Os números estão destinados a aumentar ainda mais, devido às iniciativas com vistas a oferecer acesso à internet, de qualquer lugar do mundo, por meio de uma miríade de microssatélites.

A sincronização das comunicações desse sistema tão complicado é um notável desafio tecnológico, e logo se descobriu que ela não seria possível sem levar em conta as correções relativísticas do tempo. Os satélites orbitam a grande velocidade e se encontram num campo gravitacional mais fraco em comparação às estações baseadas no solo. Esses dois efeitos impõem correções sem as quais muitas funções seriam impossíveis. Em especial, todos os sistemas de geolocalização são baseados em triangulações de sinais de rádio e, se não se corrigissem os tempos de chegada aos vários locais, a precisão atual, que no caso dos sistemas militares pode ser até de alguns centímetros, pioraria a ponto de tornar totalmente inútil esse sistema tão dispendioso.

O atual GPS é constituído por uma constelação de 31 satélites dispostos em órbitas quase circulares a 20 mil quilômetros de altitude e distribuídos de modo que, em cada momento, pelo menos três deles sejam visíveis de qualquer ponto da Terra. Medindo com precisão o tempo de chegada dos sinais de rádio emitidos pelos satélites, é possível fazer a triangulação que identifica a posição do receptor. Em todos os satélites há relógios atômicos que são sincronizados com grande precisão. Para a sincronização, é preciso levar em conta os numerosos efeitos, inclusive os relativísticos. A velocidade com que os satélites orbitam ao redor da Terra demanda uma correção no retardo de cerca de sete microssegundos — isto é, milionésimos de segundo — ao dia. O campo gravitacional menor produz, no entanto, uma antecipação de cerca de 45 microssegundos, ainda nessas mesmas 24 horas. Se não se fizesse a correção para esses 38 microssegundos, a resolução espacial se degradaria alguns quilômetros por dia, anulando a utilidade do sistema. Em suma, a cada vez que usamos o Google Maps, pensemos um instante em Albert Einstein, sem o qual jamais conseguiríamos alcançar a pessoa com quem temos um encontro marcado ou aquele restaurantezinho fora de mão recomendado por um amigo.

Grandes filósofos e Chapeuzinho Vermelho

Antes de se tornar objeto de investigação científica, a relação entre tempo e espaço esteve no centro da reflexão filosófica desde a Antiguidade. Uma das enunciações mais lúcidas se encontra no *De rerum natura*, de Lucrécio: "É impossível perceber o tempo separado do movimento das coisas". E as coisas se movem no espaço.

Ninguém jamais explorou uma região do espaço do lado de fora do tempo, nem pôde medir um intervalo de tempo a não ser num lugar específico. Conceber o tempo sem o espaço é impossível. E, no entanto, essa ligação sempre pareceu uma relação bastante fraca, quase acessória e, em todo caso, diferente de como a consideramos hoje. À luz dos conhecimentos atuais, as grandes batalhas entre gigantes do pensamento do passado parecem se dar à superfície de um oceano profundo. Concentravam-se em fenômenos ligados ao movimento ondulatório, indo às turras em infinitos detalhes, sem compreender nada do que se movia no abismo abaixo.

O tema do tempo também foi explorado, entre outros, por Gottfried Wilhelm von Leibniz, grande filósofo e excelente cientista, a quem se deve, junto com Newton, a invenção do cálculo infinitesimal. Mas ele não se sentia minimamente convencido pela ideia do tempo absoluto do grande cientista inglês, e combateu-a vigorosamente. Para Leibniz, o tempo representa a ordem da sucessão, enquanto o espaço representa a ordem da coexistência; para ele, tempo e espaço não podem ser concebidos fora da matéria, dos entes do mundo e da mente. Uma posição, como se vê, muito moderna, mas por sua vez contestada por Immanuel Kant, que, pelo contrário, situa espaço e tempo entre os a priori da nossa mente, assim dando apoio à concepção de Newton, que viria a dominar a ciência moderna até o início do século xx.

Mas ninguém, nem mesmo entre as mentes mais agudas e rigorosas da história, jamais ousara conceber uma união entre espaço e tempo tão íntima que se traduzisse numa nova forma de estrutura material.

Com Einstein, a mudança de paradigma é radical. O grande cientista rompe o quadro, irremediavelmente, definitivamente. Rasga a tela com um talho seco, como fazia Lucio Fontana com seu estilete Stanley quando realizava os seus Conceitos Espaciais. O artista nos mostrava que por baixo da superfície ocultava-se uma outra dimensão que, nas pinturas tradicionais, permanecia totalmente inacessível. A teoria da relatividade nos fez vislumbrar o que se oculta naquela sombra escura que surge do talho. E o que descobrimos nos encheu de espanto.

Não é só que não se pode pensar num tempo sem espaço ou num espaço congelado no tempo. Há por baixo algo mais profundo. O espaço e o tempo se revelam intimamente interconectados e, caso se tente separar um termo do outro, nada mais se mantém de pé. Quando o espaço-tempo entra em cena, não se poderá mais tirar o tempo do espaço ou vice-versa: a ligação é constitutiva, irredutível, original.

Ainda mais surpreendente será descobrir que o espaço-tempo não pode prescindir da massa-energia. São os constituintes fundamentais do nosso universo, tão profundamente entrelaçados que se torna difícil imaginá-los separados. Mesmo o espaço-tempo é uma estrutura material, que se deforma, vibra e pode transmitir energia a grande distância. Massa-energia decidem como se deve curvar o espaço-tempo, que, por sua vez, indica aos objetos materiais como devem se mover, enquanto ordena aos relógios como devem tiquetaquear.

Com o seu tempo absoluto, Newton nos colocava no centro de uma maravilhosa engrenagem, perfeitamente sincronizada. A harmonia, o equilíbrio, o perfeito sincronismo de todos os componentes do imenso mecanismo que presidia à dinâmica do universo nos tranquilizavam e consolavam.

Tudo isso se despedaça, transportando-nos para um sistema altamente caótico em que a ordem e a regularidade se tornam intrinsecamente locais e temporárias. Cada evento do universo, aprisionado no seu cone de luz, concentrado na sua sequência local de passado, presente e futuro, vive o seu tempo irremediavelmente diferente do tempo de todo o resto. O mecanismo perfeito se esfarela num imenso caleidoscópio de miudíssimos fragmentos.

Há algo na nossa desorientação que faz lembrar os famosos versos publicados por John Donne em 1611: "Tudo se despedaça, toda a coesão desapareceu". O poeta elisabetano, contemporâneo de Shakespeare, assim expressava a sua consternação diante da nova ciência de Copérnico e Galileu, que questionava a própria estrutura do universo como fora entendida por séculos.

Quando se diz que o tempo passa, remete-se à metáfora de um rio, atribuída a Heráclito: "Não se pode entrar duas vezes no mesmo rio e não se pode tocar duas vezes uma substância mortal no mesmo estado, mas por causa da impetuosidade e da velocidade da transformação ela se dispersa e se reúne, vem e vai". O rio do tempo de Einstein explode numa infinidade de eventos temporais independentes. Mas pudemos ignorar tudo isso durante milênios porque somos corpos macroscópicos, que vivem num potencial gravitacional constante e se movem em velocidades irrisórias.

A física moderna, em suma, nos fez entender que em torno da questão do tempo esconde-se um intricado labirinto de paradoxos. Para tentar compreendê-lo, portanto, teremos de entender como o tempo se comporta em mundos muito distantes de nós, nas distâncias infinitesimais exploradas pelos aceleradores de partículas ou nas dimensões gigantescas investigadas pelos mais potentes telescópios.

Como Chapeuzinho Vermelho, atravessaremos um bosque cheio de perigos ocultos; começaremos a viagem um pouco assustados, mas talvez também atraídos por aquilo que poderemos descobrir. Em muitas ocasiões, iremos nos encontrar num denso emaranhado de conceitos e talvez tenhamos encontros perigosos. Será preciso coragem e força de vontade para enfrentar visões que podem nos fazer perder a cabeça, e corremos o risco de nos perder e não voltar para casa. Para tornar tudo ainda mais inquietante, temos certeza de que não haverá nenhum caçador garantindo um final feliz. Iremos nos afastar das certezas tranquilizadoras que orientam a nossa vida cotidiana, mas, quando chegarmos ao término da aventura, teremos adquirido uma nova consciência, que nos tornará mais fortes.

Pegue a cestinha e vista a capa vermelha: vamos nos aventurar no bosque.

4. A longa história do tempo

HOJE SABEMOS QUE o espaço e o tempo andam de braços dados desde quandos imemoriais, mas nem sempre foi assim: nasceram juntos com massa-energia quase 14 bilhões de anos atrás, e o nascimento deles foi muito turbulento. Resumindo, e ignorando a contradição nos termos, pode-se dizer que existiu um tempo em que o tempo não existia.

A temática do início do tempo foi muito desenvolvida pelos Pais da Igreja, sendo santo Agostinho um dos primeiros. A hipótese de que o tempo também foi criado do nada não guarda qualquer contradição com o cenário de um Deus criador de tudo. Nesse aspecto, sempre me intrigou a resposta irônica de Agostinho à objeção: "Mas o que Deus estava fazendo antes de criar o tempo?". Brincando consigo mesmo, o bispo de Hipona se respondia: "Estava pensando sobre o castigo a aplicar em quem ousasse fazer tal pergunta".

Mesmo os pensadores da Grécia clássica, que imaginavam um mundo ciclicamente regenerado, não se incomodavam muito com a origem do tempo. Tanto Platão quanto o jovem Aristóteles formulavam hipóteses de catástrofes periódicas devido ao calor excessivo, a variações na inclinação do eixo terrestre ou a dilúvios universais que obrigavam as civilizações a repercorrer a cada vez o próprio caminho até o cataclismo seguinte. Eram visões bastante difundidas que os estoicos haviam codificado em ciclos de 36 mil ou 72 mil anos, depois dos quais, em datas fixas, o mundo inteiro se incendiava e tudo recomeçava da mesma forma. "E haverá um novo Sócrates e um novo Platão, e cada homem será o mesmo com os mesmos amigos e concidadãos."

Agostinho rompe essa sugestão de andamento cíclico perene e considera o tempo dos homens um breve parêntese da eternidade. O tempo nasce com a Criação e morre com o Juízo Final — e ponto.

Para os cientistas do início do século xx, a origem do tempo não constituía um problema interessante. O tempo, de algum modo, era dado como certo, assim como o universo, a matéria, a energia. O tema começou a ocupar o centro da cena devido a dois eventos concomitantes que convenceram mesmo os mais relutantes a considerar a ideia surpreendente de que o tempo, como o universo, podia ter tido um início.

O início do tempo

Em 1927, Georges Lemaître, um jovem físico belga, padre católico, formula uma solução para a equação de Einstein dependente do tempo. No seu cenário, o espaço-tempo do universo se expande e as galáxias mais distantes recuam, isto é, se afastam de tudo, com uma velocidade tanto mais elevada quanto maior for a distância. Invertendo o fenômeno da expansão, como acontece quando se projeta um filme ao contrário, ele conclui que tudo devia ter nascido entre 10 bilhões e 20 bilhões de anos atrás, de um ponto minúsculo e muito singular, um átomo primordial. É o embrião da moderna teoria do Big Bang.

Quando Edwin Hubble, jovem astrônomo americano, começou a reunir dados sobre o movimento aparente das galáxias usando o telescópio mais potente do Observatório de Monte Wilson, ele desconhecia inteiramente as especulações de Lemaître. Contudo, as observações de Hubble deixaram poucas dúvidas: todas as galáxias estão se afastando e a velocidade com que recuam é proporcional à sua distância. Hoje sabemos que, na verdade, elas não se movem; pelo contrário, é o espaço-tempo que se expande, mas as observações de Hubble, apresentadas em 1929, convenceram até mesmo Albert Einstein, inicialmente muito cético, de que Lemaître tinha razão: o espaço-tempo teve uma data de nascimento. No prazo de pouco mais de uma década desde a formulação da relatividade geral, o universo descrito com rigor e elegância pela equação de Einstein havia se tornado um sistema imensamente grande, que tivera um nascimento e continuava a se expandir. A física havia mudado para sempre.

Desde então, os progressos realizados pela teoria moderna do Big Bang foram impressionantes. A cosmologia do século XX pode reconstituir detalhadamente a evolução do universo porque mede com precisão as características das suas estruturas mais imponentes. Observando galáxias e aglomerados de galáxias à distância de bilhões de anos-luz, pode-se ver "ao vivo" fenômenos que fazem parte do nosso passado distante.

Uma das fontes mais ricas de informações é a radiação cósmica de fundo, ou CMB (Cosmic Microwave Background). A presença de um fluxo uniforme de fótons de baixa energia, provenientes de todas as direções, é uma das previsões mais importantes da teoria do Big Bang. Quando essa radiação foi descoberta, quase por acaso, por Arno Penzias e Robert Wilson em 1964, mesmo os mais céticos se viram obrigados a aceitar que o tempo tivera um início.

A luz primordial é o resíduo fóssil de um momento muito específico. Quando o universo chegou a 380 mil anos de idade e o consequente resfriamento da expansão fez com que a temperatura baixasse a menos de 3000 Kelvin, elétrons e núcleos leves puderam pela primeira vez se combinar para formar átomos neutros. De repente o espaço ficou transparente à radiação e a luz começou a se propagar por toda parte. Esses primeiríssimos fótons livres, atenuados e alongados pela expansão do espaço-tempo, ainda flutuam ao nosso redor, carregados de informações.

Em especial, as minúsculas anisotropias da CMB são uma verdadeira mina de informações sobre propriedades fundamentais do universo. Delas obtivemos uma data de nascimento para o espaço-tempo razoavelmente precisa: 13,8 bilhões de anos atrás. E descobrimos que as suas propriedades, nos primeiríssimos instantes de vida, eram ainda mais impressionantes. Ele foi capaz de se inflar a uma velocidade espantosa, num intervalo de tempo ridiculamente pequeno, atravessando uma fase, sob certos aspectos ainda obscura, que chamamos de "inflação cósmica". Mas, embora a expansão paroxística inicial tenha se desvanecido imediatamente, o espaço-tempo manteve essa sua propriedade de se dilatar, de se expandir indefinidamente. Continua a fazê-lo ainda hoje, embora de forma enormemente atenuada em comparação à loucura dos primeiríssimos instantes.

A CMB é como um imenso banco de memória dos acontecimentos de espaço-tempo e massa-energia. O universo inteiro está em equilíbrio térmico com esse banho de fótons que o envolve há bilhões de anos, e isso nos permite obter informações preciosas sobre a sua longa história. Muitos segredos ainda se ocultam nele.

Os fótons primordiais ficaram confinados pela matéria durante centenas de milhares de anos, depois se desvincularam dessa rede e começaram a correr livres por todas as partes. Por outro lado, as ondas gravitacionais primigênias, as terríveis perturbações emitidas quando o espaço-tempo se expandiu freneticamente, protegidas pela sua própria fraqueza, vagaram livres desde o primeiro instante. Interagem tão fracamente com tudo que nem sequer a matéria quentíssima e densíssima do universo primordial conseguiu absorvê-las. Essa perambulação inquieta lhes permitiu deixarem sinais sutilíssimos, quase imperceptíveis, nos fótons da CMB com que interagiram. A sua assinatura característica seria uma elusiva forma de polarização, uma orientação espacial ordenada na CMB que se procura sem sucesso há décadas e que, quando for encontrada, permitiria entender as partes ainda obscuras da fase inflacionária.

Mas o sonho de todos os cientistas é registrar as ondas gravitacionais fósseis, aquelas originadas diretamente pelo Big Bang. Ainda hoje flutuam, ao nosso redor, essas imperceptíveis perturbações do espaço-tempo, resíduo do turbilhão de ondas gravitacionais emitidas nesses primeiríssimos instantes. Quem conseguisse levar a sensibilidade dos instrumentos atuais a ponto de as revelar poderia reconstruir aquele momento extraordinário em todos os seus detalhes. Em certos aspectos, o relato do nascimento do tempo ainda ressoa em torno de nós; o desafio extraordinário é conseguir perceber esse levíssimo murmúrio, lembrança distante do lancinante vagido com que o tempo se iniciou.

O fim do tempo

O azul lápis-lazúli que ocupa o forro e se reapresenta em muitos painéis é de tirar o fôlego. Tão logo passamos pela pequena porta que dá acesso ao grandioso ambiente da capela degli Scrovegni em Pádua, entendemos (se nunca a experimentamos antes) o que significa a síndrome de Stendhal.

A pequena igreja, vista de fora, parece bastante anódina, uma construção medieval edificada na encosta dos restos do anfiteatro romano. Os romanos haviam erguido em Pádua, como em todas as cidades de certa importância, uma grande construção para os espetáculos públicos, mas ela foi muito mal conservada. As pedras foram utilizadas para construir os edifícios da cidade e da grandiosa construção sobraram apenas alguns arcos e o muro perimetral que delineia o seu traçado elíptico. O anfiteatro de Pádua não domina imponente o centro da cidade, como a famosa Arena de Verona, praticamente intacta e até hoje utilizada para grandes espetáculos e óperas líricas. Se não houvesse a capela, seria apenas uma entre muitas zonas arqueológicas da Itália, sem atrativos especiais. Mas aqui, no século XIII, elevava-se o esplêndido palácio de família dos banqueiros mais ricos da cidade, os Scrovegni.

O brasão deles não era especialmente atraente; apresentava, em campo branco, uma porca azul prenha que remetia ao nome da família. E eles tampouco se destacavam pela fama. Todos na cidade os temiam, mas falavam mal deles porque, como frequentemente ocorre, tinham enriquecido praticando a usura. Dante Alighieri colocara no inferno o patriarca da família, Rinaldo ou Reginaldo, que não devia ter sido muito amado, pois quando morreu, em 1290, o seu palácio foi atacado por uma multidão enfurecida. Foi para apagar esse passado que o filho, Enrico, decidido a recuperar uma certa respeitabilidade social e ser aceito pela Igreja e pela nobreza, resolveu investir uma soma considerável para erigir uma capela. Para os afrescos, chamou o melhor pintor da época, Giotto de Bondone.

A capela degli Scrovegni foi edificada em 1300, primeiro ano do jubileu, e Giotto pintou os afrescos em poucos anos; em 1305, a obra-prima estava concluída. Com essa obra, ele se afasta irreversivelmente dos cânones formais e estereotipados da pintura bizantina: os traços são mais suaves, as formas são mais naturais e realistas. Com a capela degli Scrovegni, Giotto se torna o primeiro pintor moderno. O ciclo de afrescos é não por acaso considerado uma das obras de arte mais importantes de todos os tempos, uma das poucas que podem se equiparar à capela Sistina de Michelangelo Buonarotti.

Nas paredes, Giotto representa histórias extraídas do Antigo e do Novo Testamentos numa exaltação de luzes e cores em que se mesclam páthos e humanidade, força da fé e senso histórico. Tudo culmina na morte e na ressurreição de Cristo e no Juízo Final, afresco que ocupa toda a parede do fundo. À esquerda os beatos, acolhidos pelas legiões dos anjos; à direita os condenados, submetidos às penas terríveis do inferno.

Mas o que me impressiona especialmente são as duas figuras no alto, aos lados do grande trifório que se abre na parede. Dois anjos fecham a abóbada estrelada, enrolando-a como se fosse uma cortina.

Giotto representa o fim do tempo com uma remissão evidente ao Apocalipse de João, que discorre sobre as estrelas que caem e o céu que se enrola. Termina o breve intervalo do tempo histórico, e começa a eternidade. O tempo é recolocado, enrolado junto com o universo material com o qual foi criado. Retorna-se ao ponto "em que todos os tempos são presente" apresentado por Dante Alighieri no canto XVII do *Paraíso*, que não vive no tempo dos homens, mas na eternidade em que todos os tempos terrenos são simultâneos.

O fim do tempo, tão bem representado por Giotto, também interroga a nós, modernos. Se o tempo teve uma origem, poderia ter um fim? O que significaria o fim do tempo para o nosso universo material? A questão pode ser formulada em termos científicos, investigando as hipóteses elaboradas sobre o fim do universo.

O fim do tempo poderia acontecer, por exemplo, se a corrida ensandecida do espaço-tempo se expandindo indefinidamente se interrompesse. Se as galáxias, em vez de se afastar, começassem a se aproximar, as interações que se criariam entre elas iriam destruí-las; teria início um processo ao cabo do qual elas acabariam se aglomerando num conjunto material indistinto, até o momento em que toda a matéria colapsaria num ponto singular. Seria aquilo que os cientistas chamam de Big Crunch, e, com o espaço-tempo retornando a dimensões puntiformes, o tempo se desagregaria assinalando o seu próprio fim. Completado um ciclo, abre-se um novo, com outro Big Bang e um novo espaço-tempo que renasceria das cinzas do anterior. Mas essa visão de momentos furiosos de expansão e compressão não encontra apoio nas observações.

Nenhum dado indica que a expansão do espaço-tempo venha a primeiro se desacelerar e depois inverter a sua corrida. Pelo contrário, tudo parece sugerir que o seu crescimento está destinado a se intensificar, a se tornar progressivamente mais poderoso. Esse mecanismo que impele tudo para longe de tudo, numa velocidade crescente, se chama "energia escura". Não sabemos se é um novo tipo de força, uma espécie de gravidade repulsiva, ou se é uma estranha propriedade do espaço-tempo, que acelera a sua expansão conforme aumenta o tempo. Mas certamente, se não houver a intervenção de outros mecanismos, a energia escura determinará o fim do nosso universo.

Tudo se afastará de tudo e o universo se tornará tão escuro, tão frio e tão inóspito que, lenta mas inexoravelmente, irão se interromper os ciclos que permitem a formação das estrelas e as trocas de energia que permitem a dinâmica dos sistemas solares e a vida dos habitantes dos seus planetas. Uma espécie de triste sudário acabará por cobrir um universo que continuará a sobreviver por um tempo inimaginável, como inútil e imensa necrópole de estrelas mortas.

A perspectiva da morte térmica do nosso universo não deixa esperanças, é muito mais sombria do que o próprio Apocalipse de João. Se todas as estrelas também recuassem, com o espaço-tempo continuando a sua expansão, um tempo inútil iria se reproduzir ao infinito, marcando transformações cada vez mais lentas e cadenciando ritmos tão desacelerados que se tornariam extenuantes, vazios e acabariam por se perder no nada.

O tempo no mundo das grandes distâncias cósmicas

Não por acaso, as primeiras confirmações da relatividade geral de Einstein provieram da observação de fenômenos cósmicos. Entendemos melhor as características do espaço-tempo encurvado pela massa-energia quando nos afastamos do nosso planeta e nos aventuramos no mundo das grandes distâncias.

Naturalmente os efeitos da relatividade geral também estão presentes aqui na Terra, mas são em escala tão pequena que podemos ignorá-los — a não ser em operações que demandem uma grande precisão, como a sincronização dos diversos relógios atômicos do sistema global de posicionamento.

Mas, assim que começamos a explorar o nosso sistema solar, o comportamento do espaço-tempo nessas dimensões torna lógicos e compreensíveis os fenômenos que de outro modo permaneceriam inteiramente misteriosos.

A primeira confirmação da relatividade geral se deve ao astrofísico inglês Sir Arthur Stanley Eddington, que anunciou os seus resultados em novembro de 1919. Logo depois do seu seminário na Royal Society, a notícia estampou a primeira página do *Times* e foi republicada pelos maiores jornais. Antes ainda de receber o Nobel, Einstein se torna um dos cientistas mais famosos do planeta.

Na verdade, quando ele publicou a sua teoria em 1915 já estávamos em plena guerra mundial e poucos estudiosos britânicos se interessavam pelas ideias de um cientista alemão. Mas Eddington era uma figura extravagante, um quacre e pacifista convicto, que se recusa a se alistar para a Grande Guerra, correndo o risco de ser preso. Salva-se do cárcere somente graças a Frank W. Dyson, astrônomo real, que o tirou do tribunal militar com a desculpa de que Eddington precisava procurar financiamentos a fim de poder verificar a teoria de Einstein.

Estava previsto para 29 de maio de 1919 um eclipse solar total no hemisfério Sul, e Eddington organiza uma expedição até a ilha de São Tomé, no golfo da Guiné. O seu objetivo é fotografar com um telescópio um aglomerado de estrelas, cuja luz passava próxima ao Sol, no exato momento em que, no ápice do eclipse, o disco solar seria escurecido pela Lua. Se, como sustentava Einstein, o Sol curva o espaço-tempo, a grande massa do Sol iria desviar levemente os raios luminosos provenientes das estrelas e modificar a sua posição aparente. Em suma, durante o eclipse as estrelas apareceriam numa posição diferente da habitual.

Eddington precisa enfrentar infinitas vicissitudes, incluído o mau tempo que se prolonga durante o dia todo, dando até o fim a impressão de que impedirá que ele tire as fotos. Então, de repente as nuvens se dissipam e o astrônomo britânico consegue algumas chapas fotográficas que leva de volta para Cambridge. Serão necessários alguns meses para analisar os resultados, mas no fim Eddington elimina qualquer dúvida: numa das chapas fotográficas há um deslocamento evidente da posição aparente das estrelas, que coincide com as previsões de Einstein. A relatividade geral, essa estranha teoria que via o espaço se contrair e o tempo se dilatar nas proximidades dos grandes corpos celestes, estava correta.*

A Wasp-12 é uma estrela anã da constelação do Cocheiro, em torno da qual foi identificado um planeta gasoso, semelhante a Júpiter. O raio da órbita do grande corpo celeste é bastante pequeno; o planeta está tão perto da estrela-mãe que leva pouco mais de um dia para fazer uma revolução completa.

---

* A expedição inglesa, na verdade, foi composta por duas equipes. A chefiada por Eddington teve como base a ilha de Príncipe, na costa atlântica da África. A outra, liderada por Andrew Crommelin, veio ao Brasil, mais especificamente a Sobral (CE). Como as condições meteorológicas em Príncipe ficaram longe das ideais, foram as imagens obtidas em Sobral que permitiram, de fato, a comprovação das previsões de Einstein — que tinha total consciência disso, dado que, em 1925, em visita ao Rio de Janeiro, afirmou "O problema concebido em minha mente foi resolvido pelo luminoso céu do Brasil". (N. R. T.)

A atração gravitacional entre os dois corpos é muito violenta e as forças de maré deformam o gigante gasoso, comprimindo-o nos polos, fazendo-o adquirir uma forma ovoide. O telescópio espacial Hubble mostrou que, na verdade, a Wasp-12 está arrancando matéria do seu planeta, em suma, está dilacerando-o e acabará por devorá-lo. É um fenômeno de canibalismo cósmico bastante raro, porque ocorre entre uma estrela e um planeta seu, ao passo que existem inúmeros exemplos de galáxias que devoram outras galáxias ou de estrelas que engolem outras estrelas nas proximidades.

Apontando os telescópios para a Wasp-12, presenciamos ao vivo um crime cósmico, mas referente a um sistema solar a cerca de 1400 anos-luz de distância, ou seja, o episódio ocorreu há vários séculos, no período em que Maomé começava a pregar a nova religião monoteísta. O céu nos conta diariamente eventos maravilhosos ou terríveis catástrofes ocorridas num passado muito distante.

Os progressos realizados pela astrofísica nos últimos cem anos, a partir da experiência pioneira de Eddington, são impressionantes. O nosso universo visível, isto é, o que conseguimos explorar com os grandes telescópios, é um "objeto" gigantesco, tão descomunal que temos dificuldade de abrangê-lo com a nossa imaginação. É uma imensa teia de galáxias, mais de 100 bilhões, separadas por enormes espaços vazios. Cada galáxia, por sua vez, contém centenas de bilhões de estrelas comparáveis ao nosso Sol, grandes concentrações de gás e poeira e uma infinidade de corpos celestes menores.

Mas tudo isso é apenas uma fração quase insignificante do que existe lá fora. Há corpos que não emitem luz, como os buracos negros; há os grandes filamentos de gás intergaláctico, as diferentes formas de radiação e, principalmente, a matéria e a energia escuras, que constituem, sem sombra de dúvida, os componentes principais do todo.

Quando os números se tornam tão grandes, facilmente se perde o sentido das dimensões. Pode ser útil, então, recorrer ao estratagema do alfinete. Pegamos um desses pequenos apetrechos metálicos utilizados para manter a forma das camisas nas suas embalagens e o seguramos entre os dedos pelo lado afiado. Se esticarmos o braço para o céu, a parte de abóbada celeste que fica coberta pela minúscula cabeça do alfinete é realmente pequena, mas sob ela se ocultam milhares de galáxias, cada uma constituída por centenas de bilhões de estrelas. Quando os grandes telescópios foram posicionados para vasculhar zonas aparentemente despovoadas do universo, bastou saber esperar para descobrir que em todas as partes se ocultam miríades de mundos.

As DISTÂNCIAS ENTRE O SOL e os planetas do nosso sistema solar são enormes se comparadas aos nossos deslocamentos habituais sobre a Terra, mas são ínfimas em comparação à distância entre as estrelas. A Terra fica a 150 milhões de quilômetros do Sol, mas a 4,2 anos-luz de Proxima Centauri, que é a estrela mais perto do Sol. E um ano-luz corresponde a cerca de 9,5 trilhões de quilômetros.

Para ter ideia das dimensões de uma galáxia, considere-se que, só para alcançar o centro da nossa Via Láctea, temos de cobrir uma distância de cerca de 26 mil anos-luz. Mas, se quiséssemos visitar Andrômeda, a galáxia mais próxima, teríamos de nos equipar para uma viagem de 2,54 milhões de anos-luz. E ainda estaríamos na pequena região de universo ocupada pelo nosso grupo local, a família de galáxias de que fazemos parte.

Quando as distâncias são tão imensas, o conceito de *agora* e a ideia de simultaneidade perdem qualquer consistência, e entende-se melhor o que significa dizer que o tempo é local. Que sentido há em se perguntar o que acontece *nesse momento* em mundos tão distantes? A nossa noção comum de tempo não funciona no mundo das grandes distâncias. É um instrumento formidável para sobreviver no nosso ambiente, mas nos engana tão logo tentamos entender como funciona o mundo fora do nosso pequeno planeta.

Diante da tangível impossibilidade de que o nosso tempo presente seja simultaneamente o presente de um outro lugar muito distante, somos tomados por uma grande perturbação. Estamos tão acostumados a viver num espaço restrito que nem de longe nos aflora a ideia de que a comunicação não possa ser instantânea em todos os lugares. Se telefonamos para um amigo que mora em Nova York, podemos trocar informações e contar os problemas que tivemos, compartilhando o mesmo presente. Para se propagar entre nós a comunicação requer algumas frações de segundo, e esse minúsculo retardo pode ser tranquilamente anulado. Mas, se as distâncias são tais que até a luz precisa de milhares de anos para cobri-las, a própria ideia de um presente comum se desintegra.

Magníficas ilusões e fantásticas quimeras

Quando observamos objetos muito distantes, vemos *hoje* fenômenos ocorridos num passado longínquo, e toda observação astronômica se converte numa viagem de volta no tempo. Se as distâncias são pequenas, por assim dizer, tendemos a ignorar o retardo e fazemos de conta que é possível estender o nosso conceito de tempo ao espaço que nos cerca. Por exemplo, a luz do Sol precisa de pouco mais de oito minutos para alcançar a Terra, mas essa diferença é suficientemente pequena para que possamos desprezá-la. Ninguém suspeita que, nos oito minutos decorridos entre a emissão dos fótons da superfície do Sol e o registro deles pela nossa retina, possa ter acontecido alguma coisa de sério à nossa querida estrela. Mas, quando o intervalo de tempo se torna considerável, tudo muda.

Hoje, quando usamos os nossos telescópios e registramos uma bela imagem de Andrômeda, sabemos que a luz percorreu um enorme caminho; deixou a galáxia irmã da nossa Via Láctea no período em que, em algum lugar no Chifre da África, ocorria a primeira diferenciação do gênero *Homo*, aquele a que nós, Sapiens, pertencemos, do Australopiteco africano. Quis o acaso que esses fótons partissem bem no momento em que uma estranha família de macacos começava a dar os primeiros passos num longo caminho; a evolução a levaria a desenvolver consciência e instrumentos tecnológicos cada vez mais refinados, até inventar aqueles aparatos fotossensíveis que iriam absorver os fótons quando chegassem ao planeta Terra. A nova espécie surgiu e desenvolveu a sua história durante o longo período em que eles percorriam a enorme extensão de vazio que separa as duas galáxias.

O grandioso céu estrelado que se ergue acima de nós nas noites claras e que tem inspirado gerações de poetas é um maravilhoso artefato. Esse conjunto ordenado de corpos celestes, que os antigos organizaram em constelações nas quais ecoavam ainda os grandes relatos mitológicos, é uma gigantesca ilusão de ótica.

Sirius, a estrela mais brilhante da noite, é, na verdade, um sistema de duas estrelas que orbitam uma ao redor da outra a 8,6 anos-luz de distância do Sol. Deneb, a estrela principal do Cisne, brilha a 2600 anos-luz de distância, enquanto Polaris-a, uma supergigante amarela, a mais luminosa do sistema de três estrelas que nos aparecem como uma única Estrela Polar, está a 325 anos-luz de nós.

Corpos celestes distribuídos a distâncias tão diferentes entre si emitiram no passado, em momentos distintos, a luz que hoje os nossos olhos registram no mesmo instante. Na escuridão da noite reconstruímos uma imagem que é a sobreposição, totalmente artificial, de eventos distribuídos no tempo a intervalos de milhares de anos. O céu estrelado é uma maravilhosa representação de uma realidade muito mais complicada do que nos parece.

Como já aconteceu com a questão do Sol girando em volta da Terra, o que vemos pode se revelar um engano bem arquitetado. Às vezes os nossos olhos nos fazem ver coisas que não existem, e com frequência não vemos as coisas que existem.

Mas os artefatos produzidos pelo espaço-tempo em escala cósmica são múltiplos. Alguns deixaram os próprios astrônomos boquiabertos. Foi quando, fotografando corpos celestes muito distantes, viram-se diante de uma espécie de miragem. A imagem da fonte parecia quadruplicada, formando uma espécie de cruz. Esse fenômeno também é consequência da relatividade geral. Ocorre quando um objeto muito maciço se interpõe entre a fonte luminosa e o observador, e a deformação do espaço-tempo desvia o caminho dos diversos raios luminosos. As posições aparentes se distribuem de forma radial ao redor da fonte e produzem a chamada "cruz de Einstein". Esse também é um artefato, uma visão ilusória que faz com que apareçam nas imagens de partes distantes do céu cópias múltiplas, absolutamente idênticas, de estrelas e galáxias. Na verdade, esses fenômenos são uma fonte preciosa de informações: os astrônomos usam essas imagens para obter dados sobre a massa e a distribuição dos objetos astronômicos envolvidos.

Quando a energia de três Sóis surfa tranquilamente nas ondas do espaço-tempo

As numerosas observações astronômicas que confirmam a relatividade geral nos dizem que o espaço-tempo não é um conceito abstrato, uma simples representação da geometria do universo; pelo contrário, essa sutilíssima estrutura é, de fato, substância material que vibra, oscila, flutua e transmite todas as formas de perturbação, como ocorre com a superfície líquida de um lago.

O fato de que ela é deformada pela massa-energia e que dessa relação nasce a gravidade já deveria ter despertado em nós alguma suspeita sobre a sua verdadeira natureza. O espaço-tempo não é um recipiente passivo de fenômenos naturais, mas é parte essencial do jogo; intervém na dinâmica dos corpos celestes, é perturbado por eles e, por sua vez, faz com que se movam e determina a velocidade do fluxo do tempo em que estão localmente envolvidos. Massa e energia não se movem no tempo num espaço vazio e inerte; pelo contrário, as várias distribuições de matéria em movimento se entrelaçam com o espaço-tempo num conjunto de configurações, às vezes periódicas e regulares, e com frequência perturbadas por fenômenos catastróficos. É um conjunto dinâmico e cambiante no qual grandes quantidades de energia são trocadas.

As equações da relatividade geral são bastante difíceis de resolver porque o espaço-tempo é parte tanto da equação quanto da sua solução. As suas propriedades, em suma, entram nas equações, e a sua curvatura seria a solução das próprias equações. Entende-se melhor tudo isso quando se leva em conta que a curvatura gravitacional contém energia, a qual, por sua vez, gera outra curvatura. Essa dificuldade submeteu o seu próprio descobridor, Albert Einstein, a duras provas, mas ele conseguiu encontrar uma solução aproximativa no caso em que a curvatura do espaço-tempo fosse bastante pequena. Para a sua grande surpresa, ele obteve equações muito semelhantes às do eletromagnetismo, com uma solução que continha ondas gravitacionais que se propagavam à velocidade da luz, exatamente como as ondas eletromagnéticas.

Se o espaço-tempo oscila, essas deformações, propagando-se, transportam energia por grandes distâncias. A energia gravitacional também pode ser emitida e absorvida, tal como acontece com a energia irradiada das cargas elétricas aceleradas, e transportada pelas oscilações do campo eletromagnético.

Mas o próprio Einstein expressou um considerável ceticismo quanto à possibilidade de que essa solução fosse capaz de descrever um fenômeno físico real. E tinha ótimas razões para duvidar. Antes de mais nada, a debilidade da força de gravidade, que tem uma intensidade insignificante comparada à eletromagnética. Produzir ondas eletromagnéticas é muito fácil: basta acelerar os levíssimos elétrons e logo eles emitem fótons em todas as direções. Mas, para induzir uma curvatura significativa do espaço-tempo, são necessárias massas enormes; se então quisermos produzir perturbações que se propagam como ondas, essas mesmas massas devem ser submetidas a acelerações monstruosas. Estrelas e planetas, porém, não suportariam as enormes demandas mecânicas, e pode-se facilmente demonstrar que se despedaçariam no mesmo instante. Assim, eram corretas as objeções de que as ondas gravitacionais jamais seriam observadas.

Ninguém podia imaginar, nas primeiras décadas do século passado, que fosse possível haver corpos celestes muito mais maciços e densos do que as estrelas comuns, astros tão compactos que podiam aguentar as prodigiosas acelerações que são necessárias para a emissão de ondas gravitacionais.

Os buracos negros são objetos muito densos que podem conter a massa de muitos Sóis num volume com um diâmetro de poucas dezenas de quilômetros. Foram esses objetos tão maciços e robustos, unidos por uma monstruosa força de gravidade, que produziram fenômenos permitindo identificar as primeiras ondas gravitacionais.

A flagrante confirmação de que o espaço-tempo pode transportar energia a grande distância foi obtida quando conseguimos registrar o eco de uma terrível catástrofe que devastou uma galáxia distante.

Tudo aconteceu quando dois buracos negros, pesando cada um o equivalente a trinta Sóis, entraram em interação, produzindo uma sequência espetacular de eventos. Atraindo-se, os dois corpos começaram a girar alucinadamente em volta do centro de gravidade comum e acabaram se arremessando um contra o outro numa velocidade próxima à da luz. Fundindo-se, deram origem a um buraco negro de cerca de sessenta massas solares, mas, nas fases paroxísticas anteriores à colisão, emitiram numa fração de segundo uma quantidade assustadora de energia, equivalente a três massas solares, sob a forma de ondas gravitacionais. Esses objetos ultracompactos conseguiram distorcer o espaço-tempo de uma maneira tão violenta que produziram ondas que se propagaram por todo o universo, até alcançar o nosso planeta, depois de percorrerem uma distância de 1,4 bilhão de anos-luz. Como um habilíssimo surfista, a energia de três Sóis dropou a onda do espaço-tempo mantendo-se em equilíbrio por 1,4 bilhão de anos.

Apesar de ser uma substância material incrivelmente rígida, existem fenômenos naturais de uma tal potência que conseguem deformar o espaço-tempo e fazê-lo oscilar como se fosse uma rede elástica normal. A "marretada" decorrente da colisão dos dois buracos negros o encrespou e o fez vibrar, exatamente como uma pedra num lago.

Depois da primeira revelação, com a utilização de outros instrumentos e o contínuo aprimoramento das técnicas, foi possível registrar um catálogo inteiro de novos eventos. Recolheram-se sinais de ondas gravitacionais emitidas por outras duplas de buracos negros e por estrelas de nêutrons, uma outra família de corpos celestes compactos, embora muito menos densos e maciços.

Com a astronomia gravitacional abriu-se uma perspectiva inteiramente nova para a observação e a compreensão do universo. A energia emitida sob forma de ondas gravitacionais nos fornece informações preciosas sobre a presença e as características dos buracos negros. Hóspedes tenebrosos, de cuja existência mal suspeitávamos, podem ser estudados em detalhe para lançar luz sobre o papel que desempenham na dinâmica do universo e nos permitir compreender melhor o seu lado obscuro.

5. Quando o tempo para

SABEMOS MUITO SOBRE O UNIVERSO e podemos investigar as suas grandes extensões, mas, com a ampliação dos nossos conhecimentos, também encontramos obstáculos inesperados. Por exemplo, há zonas tão turbulentas que se torna difícil estender a elas as leis que obtivemos com o estudo das partes pacíficas e tranquilas, semelhantes àquela onde vivemos.

Consideremos as regiões situadas nas proximidades dos buracos negros. Não são pequenas zonas marginais do universo; às vezes ocupam grandes porções de galáxias inteiras. Algumas contêm núcleos galácticos habitados por buracos negros de dimensões gigantescas, que vivem num estado paroxístico de absorção de estrelas e outros materiais. Engolindo mundos inteiros, o buraco negro emite jorros de matéria, expulsos a velocidades ultrarrelativísticas e acompanhados de jorros de raios X ou gama, monstruosamente potentes. A galáxia inteira que o hospeda é assolada por cataclismos cósmicos, devastações tão violentas que se torna difícil reconstruir a sua exata dinâmica.

As leis da física que desenvolvemos descrevem bem situações de estabilidade, em que predominam o equilíbrio e a regularidade. Os nossos instrumentos matemáticos e por vezes até as nossas próprias estruturas mentais rangem quando devem tratar de sistemas complexos, especialmente quando estão distantes de condições de equilíbrio. Por exemplo, se o nosso sistema solar tivesse se formado ao redor de um sistema binário de estrelas, isto é, se a Terra girasse ao redor de dois Sóis, por sua vez em rotação em torno do centro de massa do sistema, a órbita terrestre teria um caráter altamente caótico. Mesmo que, nessas condições, existissem os pressupostos para o desenvolvimento da vida, o que não é nada certo, seria complicadíssimo, para não dizer impossível, obter as leis do movimento dos planetas.

Por muitos séculos pudemos ignorar tudo isso. Olhando o mundo do nosso pacífico ponto de observação, supomos que existe uma ordem de caráter geral, que estendemos arbitrariamente ao universo inteiro. Faz tempo que entendemos que essa é uma atitude presunçosa, fruto apenas da nossa ignorância. A ciência moderna nos diz que há muitas regiões onde essa regularidade simplesmente não existe; outras totalmente inacessíveis, onde não sabemos o que acontece; e outras ainda tão peculiares que fazem com que fenômenos ordinários, como o passar do tempo, assumam características, para dizer o mínimo, extravagantes.

Os relógios da Comuna de Paris

Na primavera de 1871, Paris viveu uma das suas muitas experiências de revolta. Depois da grande Revolução iniciada em 14 de julho de 1789 e do conturbado período napoleônico, o povo parisiense continuava a manifestar descontentamento em várias ocasiões. Como ocorreu nos três dias em finais de julho de 1830, quando mais uma vez se desencadeou uma rebelião contra a monarquia; erguendo barricadas nas ruas e enfrentando o exército com armas em punho, os revoltosos haviam decretado o fim dos Bourbon e conduziram ao poder Luís Filipe d'Orléans, o primeiro monarca constitucional da França. Ocorreu novamente em 1848, um período muito turbulento para toda a Europa. No final de fevereiro, os revoltosos haviam assumido o controle de Paris e Luís Filipe fora obrigado a abdicar. Nasce a Segunda República, abole-se a escravidão e se estabelece o voto universal masculino. Mas, no verão, uma terrível crise econômica, que atinge fortemente operários e artesãos da capital, leva a um novo levante. O exército se livra das barricadas a tiros de canhão e Napoleão III, sobrinho de Napoleão Bonaparte, sobe ao poder e, com um golpe de Estado, instaura o Segundo Império.

O rancor dos operários parisienses pela chacina de 1848 e pelo desfecho infeliz da grande revolta fica incubado sob as cinzas e depois volta a explodir, com enorme violência, no final da guerra franco-prussiana. Em 1871, humilhada pela derrota, Paris se recusa a se submeter e desencadeia-se a insurreição operária.

Dessa vez, trata-se realmente de uma nova revolução, que luta por um objetivo radical: instaurar uma forma nova de Estado, a Comuna. Os revoltosos abolem o exército permanente e distribuem armas aos cidadãos. Para se distanciar do passado e dos erros do Terror jacobino, incendeiam a guilhotina. Para cortar as pontes com qualquer nostalgia imperial, demolem a coluna napoleônica da praça Vendôme.

Pretende-se construir um Estado radicalmente novo, que encarne os sonhos e as expectativas do povo de Paris. Implanta-se o ensino laico e gratuito, os cargos da magistratura e do funcionalismo passam a ser eletivos, e os representantes do povo são remunerados com salários semelhantes aos dos operários. Dessa vez deseja-se mudar tudo: a arte, a ciência, a literatura e a vida de todos.

Nos primeiros dias da revolta, os revolucionários da Comuna atiram sistematicamente contra os relógios públicos, despedaçando-os. O mundo novo que queriam construir deveria parar o tempo que lhes roubava a vida e destruía as suas famílias. Detendo os relógios, procuravam mudar os seus inelutáveis destinos marcados pelo tempo da opressão.

Na grande Revolução de 1789, houvera a decisão consciente de mudar o calendário. A nova era devia marcar uma separação com o passado também na forma de medir o tempo. Com o fim da monarquia concluíra-se a época da mentira e da escravidão. Os nomes dos novos meses ecoavam o clima da França: Nivoso, Brumário, ou as recorrências agrícolas principais: Messidor, Vindimiário e assim por diante.

A Comuna reintroduziu por poucas semanas o velho calendário republicano que fora eliminado por Napoleão em 1805. Mas agora isso não basta. A ruptura é ainda mais radical. Deseja-se parar o tempo para que ele reinicie em bases completamente novas.

As esperanças e as ilusões daqueles meses serão afogadas em sangue. A derrota foi implacável, com dezenas de milhares de mortos. Mas essa tentativa de assalto aos céus, para subverter tudo, continuará no pano de fundo das lutas sociais durante o resto do século, depois desembocando nos movimentos revolucionários da Rússia do início do século XX.

Algumas das ideias "loucas" daquele período de grande efervescência social continuarão a circular, de forma cársica, nas profundezas das agitações no campo artístico e literário.

Entre os milhares de *communards*, há também um ceramista, filho de um carpinteiro, que entra para a Guarda Nacional e se torna capitão da Terceira Companhia do 12º Batalhão Federal. É um bom soldado e se torna amigo do capitão Charles de Sivry, filho de Antoinette-Flore Mauté, que desde o ano anterior era sogra de Paul Verlaine, o poeta. Charles de Sivry é um grande apaixonado por música e a mãe, madame Mauté, é uma ótima pianista. As duas famílias de *communards* se frequentam e logo os dois músicos percebem as qualidades de Achille-Claude, o filho do ceramista, que teve algumas aulas de piano e aos nove anos já mostra um talento excepcional. São os primeiros passos da formação de Claude Debussy, um dos maiores compositores franceses de todos os tempos.

O jovem músico logo se tornará um dos alunos mais talentosos e indisciplinados do Conservatório de Paris e, com pouco mais de trinta anos, em 1894, comporá o breve *Prélude à l'après-midi d'un faune*, que muitos consideram a obra que abriu o caminho para toda a música do século XX. Incidentalmente, inspirado pela ruptura musical produzida por Debussy, o bailarino e coreógrafo russo Vaclav Nijinski criará em 1912, sobre a música do *Prélude*, o balé que, rompendo definitivamente com a tradição do balé clássico, lançará as bases da dança contemporânea.

Na sua obra-prima, o jovem Debussy transforma a música num quadro sonoro. Modifica em profundidade o desenvolvimento do tempo musical, não se apoia em nenhuma pulsação, nem sugere um ritmo claramente definido. As suas harmonias delicadas se desenvolvem sobre os timbres dos diversos instrumentos para construir uma versão onírica da linguagem musical.

Terá talvez transbordado nessa busca de Debussy de dissolver o tempo na música algo da experiência do pai *communard*?

O eco de alguma lembrança da época em que, em Paris, tentou-se parar o tempo e assaltar os céus?

Os lugares infernais onde o tempo se desvanece

Nenhum dos *communards* jamais imaginaria que, pouco mais de um século depois da desventurada revolta, cientistas visionários iriam teorizar a existência de lugares no universo onde o tempo realmente para.

Em 2020, o prêmio Nobel de física foi atribuído conjuntamente a Roger Penrose, Andrea Ghez e Reinhard Genzel pelas suas contribuições à compreensão dos buracos negros. Esse reconhecimento consagra o papel cada vez mais relevante que essa estranhíssima família de corpos celestes vem adquirindo na ciência moderna.

Mais uma vez, trata-se de uma das múltiplas consequências da relatividade geral de Einstein. E, também nesse caso, pensou-se por muito tempo que eram apenas curiosidades matemáticas, sem qualquer relação com a realidade.

Karl Schwarzschild era um físico alemão que, com pouco mais de quarenta anos, alistara-se na Primeira Guerra Mundial e combatia no fronte russo no comando de um regimento de artilharia. Em 1916, consegue que lhe enviem o artigo de Einstein que mudará a história da física. O desafortunado e genial cientista, durante as pausas dos combates, concentra-se na tentativa de descrever a curvatura do espaço-tempo perto de estrelas estacionárias e perfeitamente esféricas. Para simplificar os cálculos, ele introduziu um novo sistema de coordenadas. Num espaço-tempo de simetria esférica, as equações de Einstein encontram soluções exatas, e para cada massa é possível definir um raio, que será chamado de "raio de Schwarzschild", sob o qual nasce uma singularidade: uma curvatura do espaço-tempo tão elevada que consegue aprisionar até mesmo a luz. Nada no interior desse raio pode escapar à atração gravitacional, porque a sua velocidade de escape teria de ser superior à da luz.

Einstein recebeu por carta os cálculos de Schwarzschild; os resultados eram tão intrigantes que ele decidiu apresentá-los imediatamente na Academia das Ciências da Prússia, em nome do colega engajado no conflito. A solução era elegante, mas nem Einstein nem o próprio Schwarzschild ousaram escrever ou sequer imaginar que, por trás da formulação matemática, pudesse se encontrar uma nova classe de corpos celestes. Nenhum fenômeno conhecido poderia concentrar uma quantidade tão grande de matéria num espaço tão restrito. Infelizmente, o diálogo entre os dois cientistas não durou muito tempo. No início de 1916, Schwarzschild adoeceu gravemente e morreu poucos meses depois.

Será preciso esperar os anos 1960 para surgirem os primeiros trabalhos com a hipótese de que eram objetos astronômicos reais. Roger Penrose foi um dos primeiros a sustentar a ideia de que o colapso de estrelas muito maciças podia levar ao surgimento de singularidades gravitacionais. A sua tese, exposta num artigo de 1965, será reconhecida muitos anos depois como o ponto de partida do novo campo de pesquisa. Penrose e o jovem Stephen Hawking publicaram uma série de estudos fundamentais sobre essa nova família de estranhos objetos. Os dois cientistas sustentaram que havia no nosso universo singularidades espaçotemporais em que o tempo parava, perdia significado, se desvanecia. Chegara o momento de procurar sinais da sua presença e de estudar as suas características.

Em 1967, o físico americano John Wheeler, não sem uma ponta de forte ironia, cunhava o termo *buraco negro* para designar aquelas que até então eram chamadas de estrelas escuras. Para deixar mais explícito o duplo sentido, Wheeler enunciava o teorema dito *no-hair*, literalmente "os buracos negros não têm pelos", ressaltando a escolha de uma nomenclatura mais uma vez provocadora. Desde então, desencadeou-se a caça a todos os possíveis sinais que pudessem sugerir a sua presença, e os resultados marcaram profundamente a astrofísica moderna.

Enxergar *diretamente* um buraco negro é, por definição, uma missão impossível. A gravidade desprendida pelo objeto é tão violenta que qualquer fóton emitido pelo corpo fatalmente será atraído de volta à superfície, como ao lançarmos uma pedra para o alto. A superfície definida pelo raio de Schwarzschild se chama "horizonte de eventos", porque nenhuma informação proveniente do volume por ela delimitado pode se propagar para o resto do universo. A cortina escura separa irremediavelmente o nosso mundo e o da singularidade; oculta ao nosso olhar os lugares onde o tempo perde significado, como que para nos proteger de um contato com situações paradoxais para nós.

Quando um buraco negro interage com o material das estrelas comuns ou com outro buraco negro, o encontro é espetacular e produz vários tipos de sinais que aprendemos a registrar e reconhecer. Desde o final dos anos 1970, o catálogo desses estranhíssimos corpos celestes vem se enriquecendo ano após ano.

Os buracos negros descobertos até agora se dividem em duas categorias principais: os estelares e os supermassivos. São objetos muito diferentes entre si, não só pelas dimensões e características, mas também pelas dinâmicas das quais nascem e pela evolução que sofrem.

Os buracos negros estelares são corpos astronômicos de uma densidade monstruosa. Comparados a uma estrela ou a um planeta, são realmente minúsculos; se, numa hipótese por absurdo, descobríssemos uma maneira de trazer um buraco negro para a Terra sem a destruir num instante, mesmo os maiores deles caberiam confortavelmente no perímetro de uma grande área metropolitana, como Paris ou Londres. Mas nesse volume, afinal bastante modesto, os buracos negros concentram a massa de dezenas de Sóis. Quando a gravidade consegue conter quantidades de matéria tão anormais em volumes tão pequenos, a densidade atinge valores assustadores.

As coisas se complicam ainda mais se considerarmos que a massa de cada buraco negro não se distribui de modo uniforme no esferoide escuro delimitado pelo seu raio de Schwarzschild. Pelo contrário, pensa-se que ela se concentra inteiramente no ponto central do volume; essa zona, de dimensões infinitesimais, torna-se uma região com curvatura infinita, uma singularidade do espaço-tempo. Como se pensa que a maioria dos buracos negros tem um momento angular, isto é, gira vertiginosamente sobre si mesmo, o esferoide seria achatado nos polos e toda a matéria se concentraria no volume de uma pequena rosquinha contida no seu recesso mais profundo. Uma tal concentração de matéria produz uma curvatura do espaço-tempo que tende ao infinito, o que significa que o espaço e o tempo, naquela zona, perdem significado. Para tornar as coisas ainda mais inquietantes, essa concentração puntiforme violaria o princípio da incerteza, um dos pilares da mecânica quântica.

Aí está a voragem sem fim, o redemoinho sem fundo que engole tudo o que circula nas proximidades. O mais terrível dos nossos pesadelos ancestrais se transformou em realidade. Lá embaixo, no centro dessas regiões protegidas pelo horizonte de eventos, escondem-se as zonas misteriosas onde o tempo se desvanece e os princípios mais sólidos da física moderna oscilam.

O fim espetacular de Betelgeuse

Betelgeuse é uma estrela na constelação de Órion, visível a olho nu nos nossos céus. É uma supergigante vermelha cuja luminosidade varia sensivelmente porque está atravessando as fases finais da sua longa existência. Vista através de telescópios potentes, tem uma forma levemente irregular e uma massa enorme: é cerca de vinte vezes mais pesada do que o Sol. O seu diâmetro é tão grande que, se a colocássemos no centro do nosso sistema solar, engoliria num instante Mercúrio, Vênus, Terra e Marte, e chegaria perto da órbita de Júpiter.

Betelgeuse está enviando sinais inequívocos de que o combustível nuclear que a alimenta está se esgotando e de que o colapso final se aproxima. Poderia explodir a qualquer momento, transformando-se numa gigantesca supernova, mas ninguém é capaz de prever exatamente quando isso vai ocorrer. Considerando as incertezas características desses fenômenos, a sua grande agonia pode se prolongar ainda por muitos milhares de anos. Mas temos certeza de que, quando explodir, o espetáculo será inesquecível.

Brilhará no céu uma nova estrela, visível mesmo de dia e mais luminosa do que a Lua cheia; na Terra, por muitas semanas a escuridão da noite não virá; depois, o novo astro reduzirá lentamente a sua intensidade, mas continuará visível por alguns séculos. No momento culminante da crise, as camadas externas da enorme estrela serão expulsas por toda a sua volta a grande velocidade, enquanto o seu centro mais interno e profundo, pulverizado e comprimido pelo colapso gravitacional, se compactará e formará um objeto escuro, com um raio de poucas dezenas de quilômetros. Os seres terrestres que assistirem ao espetáculo maravilhoso e inquietante que ocorrerá acima de suas cabeças, a seiscentos anos-luz de distância, poderão dizer que viram a morte de uma estrela e o nascimento de um buraco negro estelar.

Os mecanismos de formação desses corpos compreendem também as estrelas de nêutrons. Podem se transformar em buracos negros estelares quando alcançam a massa crítica, absorvendo matéria de estrelas comuns com que interagem em sistemas binários, ou por meio da fusão com outras estrelas de nêutrons.

Se não temos a sorte de assistir a um desses fenômenos, a única esperança de *ver* um buraco negro é procurar comportamentos anômalos das estrelas comuns. Se interagem com um desses objetos escuros, as estrelas podem percorrer órbitas muito estranhas ou mostrar sinais de deformação. Uma das técnicas que se mostraram mais eficazes na caça aos buracos negros estelares é a busca de sistemas binários que emitem raios X.

Quando dois corpos astronômicos estão tão próximos que a atração gravitacional recíproca faz com que ambos orbitem em torno do baricentro, estamos diante de um sistema binário. Se um dos dois corpos for um buraco negro, a sua tremenda força de gravidade pode conseguir arrancar da estrela grandes quantidades de gás ionizado. O plasma sugado forma uma espécie de longo penacho que começa a cair na direção do buraco negro, orbitando-o a uma distância cada vez mais próxima. Em volta do buraco negro forma-se um enorme halo de matéria ionizada, que recebe o nome de disco de acreção. A conservação do momento angular faz com que a sua velocidade aumente gradualmente, conforme aumenta a proximidade ao centro de atração. As porções de plasma arrancadas da estrela sofrem colisões catastróficas e são envolvidas em fenômenos turbulentos. O gás ionizado, que orbita a uma velocidade alucinante, gera enormes campos magnéticos que, por sua vez, interagem caoticamente com o material caindo em direção à singularidade. O plasma se aquece a dezenas de milhões de graus de temperatura e emite fótons em todos os comprimentos de onda. Do disco de acreção saem grandes jorros de fótons de alta energia: o buraco negro se torna uma fonte astronômica de raios X. Um sistema binário formado por uma estrela "invisível", que emite raios X, e uma companheira que também se pode identificar visivelmente é um bom candidato a conter um buraco negro estelar.

Em alguns casos, veem-se buracos negros emitindo jorros de matéria também pelos polos. São imensos penachos simétricos, finos filamentos de matéria expulsos em velocidades relativísticas. Propagam-se por distâncias monstruosas e podem dar origem, por sua vez, a jatos de radiação eletromagnética de alta energia ou a jorros de partículas carregadas.

A presença de um disco de acreção e de jatos relativísticos nos polos converte toda a zona em torno do buraco negro num ambiente infernal. Os buracos negros estelares são objetos muito perigosos porque podem esmigalhar qualquer corpo celeste que se encontre nas proximidades. Depois, quando a matéria do disco de acreção é arrastada para perto do horizonte de eventos, desencadeiam-se as forças de maré e tudo é estraçalhado.

Diz-se que um corpo é submetido a forças de maré quando a atração gravitacional que o envolve tem um forte gradiente, isto é, quando há uma grande diferença de gravidade entre os dois extremos do corpo. O nome deriva do fenômeno das marés propriamente ditas, que nasce da diferente intensidade da atração lunar sobre as duas faces opostas da Terra. É essa diferença que produz a elevação periódica do nível dos mares e também os efeitos, de menor intensidade, nas rochas terrestres. Nos buracos negros estelares, essas forças podem ser monstruosas já a milhares de quilômetros de distância do horizonte de eventos. Um objeto compacto, pesando dezenas de massas solares, pode desintegrar à distância tudo o que se aproxima dele: um asteroide rochoso de alguns quilômetros ou uma astronave com alguns corajosos exploradores a bordo. Quando as forças de maré superam em muito as forças de coesão do material, tudo se deforma, se alonga, se fragmenta, acabando por se desfazer num fino gás de componentes elementares. A zona circundante dos buracos negros estelares, bem antes de alcançar o horizonte de eventos, é um ambiente muito perigoso. Melhor não se aproximar para uma espiada.

Até agora, foram identificados na nossa galáxia cerca de quinze buracos negros estelares. Os menores, se assim se pode dizer, são cinco vezes mais pesados do que o Sol. Os maiores podem alcançar massas superiores a setenta massas solares. São objetos bastante raros, mas, apesar disso, povoam em grandes quantidades todas as galáxias, inclusive a nossa. As estimativas mais recentes falam em 100 milhões de buracos negros que vagueiam pela Via Láctea.

Já vimos que é possível detectar buracos negros estelares fundindo-se entre si com o registro das ondas gravitacionais emitidas nas fases finais da colisão. Há alguns anos, a instrumentação com que podemos ampliar a lista desse tipo de corpos foi enriquecida com novos aparatos. Os interferômetros por ondas gravitacionais nos permitiram identificar cerca de doze duplas de buracos negros estelares, mas ainda estamos apenas no início de um novo campo de pesquisa.

A astronomia gravitacional nos permitirá construir novos mapas do céu e talvez descobrir algumas das propriedades que os buracos negros estelares ocultam atrás do horizonte de eventos. Na colisão, o buraco negro se dilacera e a energia que um instante antes estava aprisionada no interior do horizonte de eventos é liberada e difundida por todo o universo. Daqui a algum tempo, talvez, as ondas gravitacionais nos ajudarão a entender o que acontece além da barreira de fogo que esconde de nossas vistas os lugares assustadores onde o tempo para.

Os campeões do terror

Se você se impressionou com os buracos negros, segure-se firme porque agora chegam os autênticos campeões do terror. Os buracos negros supermassivos são verdadeiros monstros dos quais ninguém, em sã consciência, gostaria de se aproximar. Estamos falando de objetos assustadores cujas manifestações fazem com que as catástrofes produzidas pelos buracos negros estelares pareçam brincadeira de criança. Se esses últimos são pequenas esferas compactas com poucas dezenas de quilômetros de diâmetro, os buracos negros supermassivos podem alcançar dimensões de muitos bilhões de quilômetros. São, de longe, os corpos celestes mais gigantescos do universo inteiro. Alguns deles poderiam conter com folga todo o sistema solar. Se os buracos negros estelares podiam ter o peso de cem Sóis, a massa dos supermassivos se mede em milhões ou mesmo bilhões de massas solares.

Reinhard Genzel e Andrea Ghez, os dois astrônomos que dividiram com Penrose o Nobel em 2020, foram premiados por terem demonstrado que Sagittarius-A* é um buraco negro supermassivo que se encontra no centro da nossa galáxia. Pesa mais de 4 milhões de Sóis e, como todos os seus semelhantes, não pode ser observado diretamente. No início, os dois astrônomos pensavam que se tratava de uma fonte de rádio compacta (pulsar), mas depois, examinando as estranhas órbitas de algumas estrelas nas suas proximidades, começaram a pensar na hipótese de que poderia ser um buraco negro gigantesco. Com efeito, havia estrelas que corriam a velocidades inacreditáveis, superiores a 20 mil quilômetros por segundo, e se moviam em órbitas elípticas muito pronunciadas. Não é normal ver estrelas se movendo a 7% da velocidade da luz e, se fazem órbitas tão loucas, significa que o centro de gravidade que as mantém ligadas possui uma força monstruosa. Depois descobriram-se enormes nuvens de gás que seguiam a 100 mil quilômetros por segundo, um terço de c, em direção a esse "nada" que parecia atrair qualquer coisa nas proximidades. A seguir, reuniram-se indicações sobre a presença de um disco de acreção e a emissão de sinais variáveis no espectro x, coisas que acontecem quando o buraco negro engloba grandes quantidades de matéria. Por fim, viu-se que a luz das estrelas que orbitam ao seu redor perde energia quando elas atravessam a parte mais intensa do campo gravitacional, e isso removeu as últimas dúvidas: Sagittarius-A* é um enorme buraco negro. Mesmo a nossa plácida Via Láctea esconde no seu interior o mais inquietante e turbulento dos corpos celestes: um buraco negro supermassivo.

Agora está claro que toda grande galáxia gira em torno de um desses objetos tão imensos. Parece quase uma brincadeira do destino que os grandes piões cósmicos, aqueles que nos encantam desde sempre e que, com o seu movimento periódico e regular, construíram a nossa visão do tempo, tenham se agregado em torno dos pontos onde o tempo não existe. O eixo central, em torno do qual o maravilhoso carrossel do tempo gira imperturbável, é "vazio" de tempo.

SAGITTARIUS-A* TEM UMA MASSA certamente monstruosa, mas empalidece diante da massa de alguns de seus colegas. O buraco negro no centro da NGC-4261, uma galáxia na constelação de Virgem, pesa mais de 1 bilhão de massas solares; mas o recorde absoluto pertence, por ora, ao J2157, que tem uma massa de 34 bilhões de Sóis. Um buraco negro que pesa como uma galáxia médio-pequena inteira e faz com que Sagittarius-A* pareça um brinquedo inofensivo.

Esses monstros foram descobertos investigando-se os núcleos galácticos ativos, isto é, galáxias que exibiam uma enorme luminosidade, numa ampla região do espectro eletromagnético, proveniente de uma pequena região compacta, situada no seu centro. Foram identificadas várias famílias de núcleos galácticos ativos que apresentam processos muito diferentes entre si. Algumas são poderosíssimas fontes de rádio, outras exibem jorros relativísticos de dimensões monstruosas, outras ainda mostram impressionantes jatos de energia no espectro dos raios X ou gama. Todos esses fenômenos se originam de um mesmo processo: a queda de matéria na direção de um buraco negro supermassivo que ocupa o seu centro. São os resíduos de mundos inteiros que são triturados pelo buraco negro central e que irradiam energia enquanto despencam em direção ao abismo. No silêncio absoluto do cosmo, a atividade incessante dos buracos negros supermassivos nos narra uma sequência interminável de impressionantes catástrofes de proporções inauditas, capazes de destruir milhares de estrelas.

O M87* é o supergigante mais próximo de nós. Encontra-se na constelação de Virgem, no centro da galáxia elíptica Messier 87, a uma distância aproximada de 53,5 milhões de anos-luz. Tem uma massa estimada em pouco mais de 6 bilhões de massas solares, à qual corresponde um horizonte de eventos de 38 bilhões de quilômetros. As suas proporções são tão descomunais que poderia conter folgadamente todo o sistema solar, inclusive a órbita excêntrica de Plutão, rebaixado a planeta anão em 2006. O M87* ficou famoso porque os astrônomos do EHT (Event Horizon Telescope) reuniram dezenas de radiotelescópios, conseguindo reconstruir uma imagem sua, que correu o mundo. Vê-se claramente o disco de acreção que o rodeia, bem como o gigantesco horizonte de eventos que adquire forma sobre o seu fundo.

Há várias hipóteses sobre a formação desses corpos celestes tão volumosos, mas nenhuma parece oferecer uma explicação convincente das suas dimensões. Sabemos que o buraco negro, tão logo se instala no centro de uma galáxia, pode crescer desmedidamente, engolindo lentamente tudo aquilo que o circunda. Mas foram observados buracos negros gigantescos no centro de galáxias muito jovens e, nesse caso, não haveria tempo suficiente. Outros pensam que, poucos segundos depois do Big Bang, produziram-se buracos negros primordiais. Há hipóteses até sobre objetos microscópicos, do tamanho de um átomo, mas capazes de conter a massa do Everest; teriam se formado quando as grandes flutuações de densidade do universo recém-nascido podiam levar pequenas porções de matéria ao colapso gravitacional. Fundindo-se entre si, teriam constituído corpos cada vez mais maciços, assim evitando evaporar e se desagregar. Outras teorias preveem a agregação das imensas nebulosas de gás primordial em quase-estrelas, objetos altamente instáveis que colapsaram em enormes buracos negros em vez de evoluir para estrelas comuns.

O único aspecto positivo desses monstros é que as forças de maré no horizonte de eventos são muito pequenas. A sua dimensão anormal os torna, aparentemente, menos agressivos do que os seus irmãos "menores", os buracos negros estelares. Os supermassivos têm uma densidade média muito baixa: quanto mais pesados, menos densos são.

Os buracos negros de 1 bilhão de massas solares têm a densidade média da água, e os mais maciços podem ser rarefeitos como o ar. Isso se traduz em forças de maré muito pequenas, quase inexistentes, no horizonte de eventos. Tornam-se significativas apenas quando nos aproximamos da singularidade central que, dadas as dimensões desses monstros, pode demorar para ser alcançada, muito tempo depois de ter atravessado o seu horizonte. Em suma, no caso dos buracos negros supermassivos, sob algumas condições poderíamos ultrapassar o horizonte de eventos não só sem sermos esmigalhados, mas, literalmente, sem nos apercebermos de nada e ainda prosseguirmos a nossa viagem por muito tempo.

A física nos pontos vazios de tempo

Não por acaso, é sempre o diabo que, na literatura, para o tempo. O doutor Fausto de Goethe, na obra mais importante da literatura romântica alemã, faz um acordo com Mefistófeles. E Dorian Gray, o protagonista do romance de Oscar Wilde, perseguindo o sonho da eterna juventude, empreende uma espécie de descida aos infernos.

O aspecto quase infernal dos ambientes que cercam os buracos negros parece confirmar esse antigo preconceito. É a gravidade que para o tempo, faz o espaço-tempo se retorcer sobre si mesmo até se esvaziar de sentido. Mas, no círculo de fogo que cerca o horizonte de eventos, ressoa algo de ancestral: lugares secretos e terríveis — como a Geena, repleta de chamas, onde reina Moloch, o devorador de crianças —, ou protegidos por terríveis guardiães como Medusa, a Górgona que, com o olhar, transforma em pedra quem ousa se aventurar no reino dos ínferos.

Aqueles invólucros monstruosos, que ocultam as zonas onde o tempo para, circundam lugares certamente assustadores, mas talvez guardem os segredos científicos que estamos procurando há anos. O sonho de todo cientista é conseguir decifrar as leis da física que vigoram nas redondezas das singularidades do espaço-tempo. Poder explorar diretamente as zonas dentro do horizonte de eventos é um sonho que beira a loucura, pois todos sabem que é impossível fazer essa viagem e, mesmo que fosse possível, seria fatal para quem quisesse se aventurar. Mas não custa nada empregar a imaginação. E aqui iniciamos com a fantasia aquela proeza que as leis da física não nos permitem realizar.

STEPHEN HAWKING ERA UM BRINCALHÃO que adorava fazer apostas extravagantes com os amigos e colegas. Por exemplo, apostou cem dólares com Gordon Kane, um dos teóricos da Super-Simetria, que nunca se encontraria a partícula de Higgs. Depois da nossa descoberta em 2012, ele pagou de bom grado a aposta, admitindo que, na verdade, estava muito feliz em perdê-la. No mesmo espírito, levemente provocador, em 1974 havia apostado com Kip Thorne que Cygnus X-1, na época a fonte de raios X mais promissora para ser considerada um buraco negro, não tinha nada a ver com os objetos astronômicos aos quais dedicara grande parte da sua pesquisa. Para entender o espírito de Hawking, é interessante ler a declaração que ele publicou anos depois:

> A aposta com Kip era uma espécie de apólice de seguro. Fiz um monte de trabalhos sobre os buracos negros e tudo teria sido um enorme desperdício de tempo caso se descobrisse que eles não existem. Mas, se assim fosse, eu me consolaria com o prêmio da aposta, que me garantiria uma assinatura de quatro anos da revista *Private Eye*.

Em 1990, quando os dados confirmaram que Cygnus X-1 era um sistema binário formado por uma estrela e um buraco negro, Hawking ficou muito feliz em pagar a aposta a Thorne; era, aliás, uma assinatura de um ano da *Penthouse*, a revista com mulheres nuas.

Nesse espírito, eu gosto de imaginar uma outra aposta entre os dois. Kip Thorne, prêmio Nobel pela descoberta das ondas gravitacionais, foi, junto com Hawking, um dos mais convictos defensores de que os buracos negros eram objetos astronômicos. Por isso podemos imaginar os dois amigos arriscando a aposta de ser possível explorar um deles.

Em primeiro lugar, convém escolher um supermassivo. A viagem, de qualquer forma, será muito perigosa, certamente fatal, mas, caso se escolhesse um buraco negro estelar, as probabilidades de ultrapassar o horizonte de eventos seriam nulas. Os dois se põem de acordo e escolhem o M87*, já famoso pois a sua fotografia ocupara as capas do mundo todo.

Imaginemos duas astronaves gêmeas, uma comandada por Hawking, que escolheu orbitar a uma distância de segurança ao redor do M87*. Thorne, mais corajoso, apostou que conseguiria atravessar o horizonte de eventos para dar uma olhada no que há lá dentro.

Recorrendo à imaginação, podemos ignorar alguns "detalhes". Por exemplo, como as duas astronaves fizeram para cobrir os cinquenta e poucos milhões de anos-luz que nos separam da Messier87? Ou ainda: como conseguiram atravessar ilesos o ambiente infernal do disco de acreção do M87*, cujos efeitos se fazem sentir bem antes de se alcançar o horizonte de eventos? Deixemos tudo isso de lado e nos concentremos no essencial.

Para ficarem em comunicação, as duas astronaves enviam uma à outra uma mensagem de rádio, um blip que é emitido pela antena de Thorne a cada segundo. O contato com o horizonte de eventos é previsto para a meia-noite, e até as 23h59min57seg os blips continuam a chegar, regularmente, a cada segundo. Depois algo acontece: o blip das 23:59:58 parece se atrasar um tiquinho, o das 23:59:59 chega após uma hora e muito distorcido e, depois disso, mais nada. Hawking vai embora e sabe que perdeu a aposta; Thorne atravessou o horizonte de eventos e agora ele teria de esperar uma eternidade para receber o blip das 00:00:00.

A bordo da astronave de Thorne, porém, ninguém se deu conta de nada. O horizonte foi ultrapassado numa fração de segundo e tudo parece seguir como sempre, embora o destino já esteja traçado. As forças de maré do M87* àquela distância da singularidade são imperceptíveis e ninguém notou nada de estranho. O momento histórico em que a astronave terrestre atravessou um horizonte de eventos passou sem que se percebesse a menor perturbação. Thorne e a sua tripulação abrem garrafas de champanhe e comemoram o resultado alcançado, embora transpareça nos seus olhares um véu de preocupação. Sabem que a viagem ainda durará muito tempo, mas o seu destino está traçado. Quando a astronave se aproximar da singularidade em que se concentra toda a massa, nada poderá impedir que a gravidade a despedace com todos os seus tripulantes. O tempo parou para os observadores externos, mas ninguém na astronave de Thorne se apercebeu disso. Só poderiam se dar conta do ocorrido se tivessem a possibilidade de voltar para trás. E então veriam que aquilo que para eles pareceu um segundo, o tempo curtíssimo que empregaram para atravessar o horizonte de eventos, teria significado uma duração infinita para o resto do universo. Mas sabem muito bem que isso não é possível.

Agora Thorne já está se dirigindo inexoravelmente para o ponto que marca o fim do tempo. A navegação ainda poderá se prolongar muito, mas o mergulho no buraco negro será uma viagem apenas de ida. As forças de maré crescerão de intensidade até despedaçar e reduzir tudo a fragmentos tão miúdos que até os quarks parecerão objetos monstruosamente grandes. A matéria esmagada pela gravidade perderá qualquer consistência, irá se tornar pura geometria, vazio sem espaço e sem tempo, prenhe de quantidades imensas de energia.

Se Hawking tivesse a bordo um telescópio potente para acompanhar a astronave de Thorne, iria vê-la diminuir de velocidade e então parar, imóvel, perto da borda escura que marca o horizonte de eventos. A débil luz emitida pela astronave de Thorne se tornaria cada vez mais vermelha e fraca, como se tivesse congelado, até desaparecer de vista.

Inversamente, se Thorne pudesse olhar para trás na direção da astronave de Hawking, iria ver, mas apenas por uma infinitésima fração de segundo, que ela se tornava cada vez mais azul e aumentava desmesuradamente de velocidade. Depois, tão logo superasse o horizonte de eventos, o que acontece no exterior teria se fundido em um brilho ofuscante. A fronteira recém-transposta separa definitivamente os dois mundos. Aproximando-se do mundo sem tempo encerrado no coração do buraco negro, Thorne poderia repetir as palavras com que o doutor Fausto se dirige a Mefistófeles, para selar o pacto que haviam estipulado décadas antes: "Ao instante direi: 'És tão belo, para!'" — mas nem os maravilhosos versos de Goethe conseguiriam domar uma gravidade agora desencadeada.

PARTE III

Entre existências efêmeras e vidas eternas

6. Vida de partículas

Justo agora que estávamos nos acostumando com as extravagâncias do tempo que habita os espaços cósmicos mais gigantescos, temos de dar uma destemida cambalhota para trás. E, das gigantescas dimensões dos objetos maiores do que a mente humana é capaz de conceber, despencaremos de súbito para as dimensões infinitesimais dos componentes mais elementares da matéria. O afastamento é impressionante porque num instante saltam-se cerca de cinquenta ordens de grandeza: uma queda vertiginosa.

Um vírus, como aquele que produziu a terrível pandemia de covid-19, é tão pequeno que é invisível ao olho humano. As suas dimensões estão entre sessenta e 140 nanômetros, isto é, bilionésimos de metro. Se mil vírus se espremessem juntos, um ao lado do outro, a pequena multidão compacta teria a espessura de um fio de cabelo. Só é possível ver agentes patógenos tão minúsculos com aparelhos especiais, como os microscópios eletrônicos, com capacidade de ampliação de dezenas de milhares de vezes. E, no entanto, comparado a uma partícula elementar, um vírus é um monstro gigantesco. Entre um quark e um vírus há uma diferença descomunal de proporções, a mesma que há entre uma bola de futebol infantil e a esfera terrestre.

Quanto à massa, as partículas elementares são realmente leves. Algumas, como o fóton, têm até massa de repouso nula.

Mas mesmo os pesos-pesados da categoria, como o quark top, são objetos evanescentes, em comparação não só a estrelas e planetas, mas também aos corpos macroscópicos mais miúdos, como um grão de poeira.

Entrando no mundo das distâncias infinitesimais, ingressaremos num reino dominado pela mecânica quântica e pela relatividade especial, e isso envolverá aquele restinho da nossa ideia convencional de tempo.

Um mundo cheio de extravagâncias

A matéria é feita de partículas que interagem transformando-se em outras partículas. Assim podemos resumir, numa frase só, a teoria que nos permite entender em que consiste o perfume de uma rosa ou o plasma comprimido que ruge no coração das estrelas.

A pesquisa dos constituintes elementares da matéria tem uma história milenar. Estamos por volta de 600 a.C., quando os primeiros filósofos gregos começam a procurar uma explicação naturalista do mundo. Hoje usamos estranhos nomes para indicar as partículas elementares, mas as regras do jogo não mudaram muito desde o tempo de Anaxímenes de Mileto, que reduzia tudo a terra, fogo, água e ar. Os cientistas do século XXI também procuram os ingredientes fundamentais que, combinando-se mutuamente, permitem entender a grande variedade dos corpos materiais que nos rodeiam.

A resposta moderna à antiquíssima questão se chama Modelo Padrão. É uma teoria nascida no final dos anos 1960, coroando um século de observações e resultados experimentais.

Desde que foi adotada, desencadeou-se a corrida para discuti-la e tentar produzir alguma das suas previsões. Mas, até agora, ninguém conseguiu.

Sabemos que é uma teoria incompleta, e por muitos motivos, sendo o principal deles o fato de não contemplar a gravidade. Pode parecer curioso, porém a mais comum das forças que regulam o universo não está incluída entre as interações descritas pelo Modelo Padrão. Isso não deve surpreender muito, visto que, em escala microscópica, os efeitos da gravidade são desprezíveis. A força que domina o mundo dos espaços cósmicos, quando os corpos que interagem têm massas enormes e se encontram a grandes distâncias, se mostra totalmente irrelevante para descrever o comportamento dos constituintes de base da matéria. As interações entre partículas elementares, pelo menos na escala de energia que exploramos até hoje, são dominadas por outros fenômenos que ultrapassam em muitas ordens de grandeza os efeitos da atração gravitacional entre massas.

O Modelo Padrão, porém, não fornece nenhuma explicação para diversos outros fenômenos: não explica a abundância de energia e de matéria escura no universo, não nos permite entender onde foi parar a antimatéria, não contém as partículas responsáveis pela inflação cósmica e assim por diante. Em suma, não nos satisfaz em muitos aspectos, mas, mesmo assim, possui um poder preditivo impressionante: permitiu-nos calcular com grande precisão as características mais ínfimas de fenômenos altamente elusivos e todos eles, um após o outro, foram sistematicamente observados; previu minúsculos desvios em alguns parâmetros fundamentais, que foram confirmados por experimentos sofisticadíssimos. Resumindo, mais cedo ou mais tarde precisaremos de uma teoria mais completa e geral, que explicará os muitos fenômenos que ainda nos parecem misteriosos e incluirá o Modelo Padrão como um caso particular, válido apenas em baixa energia. Um dia, quando fizermos experimentos numa escala de energia em que a teoria de que tanto nos orgulhamos entrará definitivamente em crise, encontraremos novas partículas ou interações desconhecidas que nos permitirão construir uma teoria mais ampla. Mas por ora ela tem resistido a todas as tentativas de questioná-la e constitui a melhor referência de que dispomos para explicar o mundo.

No Modelo Padrão, tudo se reduz a uma questão de partículas. As partículas que compõem a matéria são organizadas em duas grandes famílias. De um lado os seis quarks, do outro lado os seis léptons; cada família tem três ramos, cada qual composto por dois componentes. As duplas de quarks up e down, charm e strange, top e bottom são, todas elas, constituídas por partículas dotadas de carga elétrica. Entre os léptons, o elétron, o múon e o tau são carregados, e cada um forma um par com um correspondente neutrino que, por sua vez, é neutro.

Os quarks e os léptons são duas famílias um tanto estranhas entre si, que não gostam de se misturar; se parecem com os clãs hostis dos Montecchio e dos Capuleto no *Romeu e Julieta* de Shakespeare. Quem tenta criar a paz entre eles são os mediadores, ou portadores de forças, uma terceira família cujos componentes interagem com os dois grupos, às vezes somente com alguns dos seus vários membros, e produzem movimentos e uniões.

Os mediadores são o fóton, portador da força eletromagnética que age sobre todas as partículas dotadas de carga elétrica; o glúon, que transmite a força forte e interage com os quarks que são dotados de carga forte, ou carga de cor, mas ignora os léptons que, pelo contrário, são desprovidos dela; por fim, os bósons vetoriais intermediários, W e Z, portadores da força fraca que se acoplam tanto com os quarks quanto com os léptons, porque todos têm carga fraca. Nesse quadro, fica um pouco à parte o último a chegar: o bóson de Higgs, que, interagindo com as outras partículas, define as suas massas.

As partículas do Modelo Padrão são tão pequenas que não faria sentido empregar as unidades de medida habituais, porque seria preciso usar submúltiplos extremos pouco manejáveis. Trata-se de objetos tão minúsculos que não conseguimos ainda estabelecer se são puntiformes ou se têm uma dimensão finita. Por exemplo, se quarks e léptons tivessem uma estrutura qualquer, ela teria de ser menor do que 10^{-19} metros.

Algo do gênero vale também para as massas. Se tivéssemos de exprimir em quilogramas a massa de um elétron, teríamos de escrever $9,1 \times 10^{-31}$ quilos. Para evitar essas dificuldades, costuma-se medir as massas em GeV (giga-elétron-volt, 1 bilhão de elétrons-volt). É uma unidade de medida muito prática, pela qual a partícula mais pesada de todas, o quark top, apresenta uma massa de 173 GeV. Todas as outras são mais leves do que o peso-pesado da categoria; algumas, como os neutrinos, são realmente levíssimas.

O mundo das ínfimas distâncias em que as partículas se movem é o reino da relatividade e da mecânica quântica. Para um elétron, mover-se a velocidades próximas às da luz é uma brincadeira de criança. Como ele está carregado eletricamente, é preciso pouco para acelerá-lo: basta mantê-lo no vácuo e submetê-lo a um forte campo elétrico que ele imediatamente dispara em velocidades formidáveis. Não são necessários instrumentos muito sofisticados: os aparelhos de radiografia dos hospitais fazem os elétrons, que devem gerar os raios X, correrem à metade da velocidade da luz.

Em objetos tão minúsculos e leves, as leis da física que governam o infinitamente pequeno produzem comportamentos tão diferentes dos costumeiros para nós que nos parecem bizarros. O estado de um sistema, o espaço e o tempo, a massa e a energia — tudo se torna extravagante no mundo das partículas elementares.

Massas que explodem e tempos que se dilatam desmesuradamente

Para levar os levíssimos elétrons a velocidades indistinguíveis de c, basta dispor de fortes campos elétricos. É o que acontece nos aceleradores modernos de partículas, equipamentos que nos permitem produzir partículas ultrarrelativísticas, isto é, que viajam praticamente a c. Por princípio, a velocidade da luz é inalcançável, mas nada impede que nos aproximemos cada vez mais do valor-limite. Assim, caso se consiga superar um certo número de dificuldades técnicas não banais, é possível levar as partículas a viajarem a 99% de c, depois a 99,99%, a seguir a 99,9999% e assim por diante.

Os elétrons têm carga elétrica negativa e, portanto, uma diferença de potencial positiva os atrai irresistivelmente. É óbvio que, enquanto adquirem velocidade, é preciso evitar que se choquem contra qualquer outro componente material, porque a colisão faria com que perdessem energia e diminuiria drasticamente a sua velocidade. Por isso, são acelerados no interior de um tubo em que se tem o vácuo mais rigoroso, evacuando o ar e qualquer outro resíduo de gás.

Para evitar campos elétricos elevados demais, usam-se máquinas circulares nas quais os elétrons passam várias vezes na mesma região de aceleração. Outros campos magnéticos distribuídos adequadamente no percurso dobram as suas trajetórias, para mantê-los em órbita ao longo da circunferência e levá-los à colisão.

Um problema a ser resolvido é o do crescimento relativístico da massa. Quanto mais nos aproximamos da velocidade da luz, tanto mais a aceleração sofrida pelo elétron faz com que a sua velocidade cresça apenas marginalmente e, por outro lado, aumenta a sua massa. A energia cedida ao elétron pelo campo eletromagnético que o acelera faz com que ele "engorde" desmedidamente. É mais um dos efeitos da relatividade especial, que muito nos surpreende, pois nunca tivemos uma experiência direta dele. No nosso mundo, quando se exerce uma aceleração constante, vemos aumentar sempre a velocidade, nunca a massa. Por exemplo, se estamos numa autoestrada e pisamos no acelerador, podemos acompanhar no velocímetro o aumento da velocidade. Mas tudo isso funciona porque os 130 quilômetros por hora que alcançamos com o nosso carro são uma velocidade ridícula em relação à da luz. Quando nos aproximamos de c, a energia introduzida no sistema não consegue mais fazer com que a velocidade aumente, porque c se mantém como valor-limite e, portanto, acaba por aumentar a massa do objeto. Verifica-se mais uma vez a equivalência entre massa e energia típica da relatividade. Na experiência comum do cotidiano, a massa de um corpo permanece constante enquanto acelera, ao passo que, se nos aproximamos do limite intransponível da velocidade da luz, é a massa do corpo que continua a aumentar enquanto a sua velocidade permanece praticamente constante.

Nos aceleradores modernos, os feixes de partículas viajam praticamente a c e adquirem massas muito superiores às das partículas em repouso. Quando ocorrem as colisões, a energia concentrada nas suas massas gigantescas percute o vazio e faz com que jorrem novas partículas. Nos choques, a energia se transforma novamente em massa e, por uma fração de segundo, voltam a surgir formas de matéria desaparecidas logo após o Big Bang. Desse modo, as grandes infraestruturas de pesquisa se tornam fábricas de partículas extintas, verdadeiras máquinas do tempo que nos levam de volta a bilhões de anos atrás e nos permitem reproduzir e estudar os fenômenos na origem do nosso universo.

Atenção: conforme as partículas se aproximam da velocidade da luz, a sua massa cresce exponencialmente apenas para nós que as vemos correrem no grande tubo a vácuo. Se um observador viajasse junto com elas, iria vê-las paradas, e nesse sistema de referência em movimento a sua massa não tem qualquer mudança. Tal como a contração do espaço na direção do movimento e a dilatação do tempo, a explosão da massa das partículas relativísticas também é um fenômeno que vale apenas para um observador externo, parado em relação ao corpo em movimento.

Em todo caso, os elétrons que circulam no LEP (Grande Colisor de Elétrons e Pósitrons, na sigla em inglês) do CERN, no verão de 2000 pesavam 200 mil vezes mais do que os seus irmãozinhos que orbitam tranquilos em todos os átomos da matéria. Tudo isso, obviamente, acarreta notáveis problemas de sincronização e controle dos parâmetros do acelerador, que devem acompanhar esse crescimento exponencial da massa produzida pela fase de aceleração.

Os efeitos são impressionantes também na aceleração dos prótons. Nesse caso, não se trata de partículas elementares, mas de um amálgama de três quarks (dois up e um down), aqueles da primeira família, com diversos glúons, fundamentais para manter tudo unido no aperto formidável da força forte. Os prótons têm uma massa de cerca de um GeV e têm carga positiva; podem ser acelerados de maneira análoga ao que se faz com os elétrons, bastando inverter a polaridade do campo elétrico. Como são objetos complicados e maciços e pesam 2 mil vezes mais do que um elétron, para levá-los a velocidades relativísticas é necessário gastar muita energia. Mas o peso lhes dá uma grande vantagem.

Um dos principais limites à utilização dos elétrons nos aceleradores mais potentes está ligado à sua leveza. Como todas as partículas carregadas que percorrem uma órbita circular, os elétrons tendem a perder energia emitindo fótons. A irradiação é tão mais importante quanto mais leves são as partículas em órbita, e ela aumenta rapidamente com o crescimento da energia. Para os prótons, que são muito mais pesados do que os elétrons, as perdas de energia por irradiação são muito reduzidas e, portanto, é mais fácil levá-los a energias mais elevadas.

O acelerador mais potente atualmente em uso é o LHC (Grande Colisor de Hádrons, na sigla em inglês), no qual dois feixes de prótons circulam em direções opostas num tubo a vácuo com 27 quilômetros de circunferência. A energia das colisões do LHC é de treze TeV (teraelétron-volt, equivalente a mil GeV), o que significa que os prótons de cada feixe têm massa de 6,5 TeV, isto é, aumentaram a sua massa em 6500 vezes. Como os prótons são feitos de quarks e glúons, as suas colisões são bastante complicadas, e somente uma parte da energia disponível, alguns TeV, consegue se transformar em partículas maciças. Para o futuro, discute-se o desenvolvimento de novos magnetos e a construção de um novo túnel de cem quilômetros, que permitiria alcançar cem TeV de energia e produzir novas partículas, se existirem, até massas de algumas dezenas de TeV.

Os aceleradores de elétrons têm uma função complementar. Sendo partículas puntiformes, as suas colisões são muito mais simples. São as máquinas ideais para fazer medições de grande precisão e procurar descobrir a nova física através da pesquisa de sutis anomalias. A desvantagem dos aceleradores de elétrons é que não permitem alcançar energias muito elevadas. Os novos projetos para aceleradores circulares de elétrons preveem trabalhar entre 250 e quinhentos GeV, enquanto há propostas de se alcançar energias de alguns TeV, mas apenas desenvolvendo novos aceleradores lineares.

Em todo caso, trata-se de objetos ultrarrelativísticos, isto é, partículas levadas a velocidades tão próximas de c que a sua massa se torna enorme. É o caso tanto dos elétrons do LEP quanto dos prótons do LHC e, em ambas as situações, para essas partículas o tempo desacelera de maneira impressionante.

Tomemos o caso do LHC: depois de ser acelerados e levados à colisão, os feixes permanecem em circulação estacionária por muitas horas. Durante esse período, cruzam-se uma quantidade inumerável de vezes, e os físicos dos experimentos registram as partículas produzidas pelas colisões mais interessantes.

Depois de muitas horas, a intensidade diminui, extraem-se do acelerador os feixes de prótons residuais e injetam-se novos. Em alguns casos especialmente afortunados, esse ciclo dura um dia inteiro.

Agora, para entender melhor o que acontece, suponhamos por um instante que, como nos desenhos animados, os prótons tenham uma voz, possuam um relógio e possam se comunicar com a sala central de controle do LHC. Imaginemos a bizarra conversa que ocorreria. "Aqui fala a sala de controle. Ei, prótons, hora de sair do carrossel." "Mas como, já? A gente estava se divertindo tanto; têm certeza? Entramos faz tão pouco tempo." "Não, a festa acabou, vocês estão aí faz mais de 24 horas, precisam deixar os outros se divertirem também. Sinto muito." "Não, deve ter algo errado. Estou olhando o meu cronômetro; faz só treze segundos que entramos no LHC. Confiram aí o relógio, certamente está com defeito." "Já conferimos, tudo sob controle. É a relatividade, meus caros."

Para os prótons do LHC, o tempo passa no ritmo habitual e a sua massa não muda. Se observados de um sistema de referência externo, porém, nós os vemos correndo à velocidade da luz e pesando 6500 vezes mais; e, acima de tudo, no tempo que o relógio deles marca um segundo, na sala de controle do LHC passam-se quase duas horas.

Superaceleradores cósmicos

Os fenômenos turbulentos que envolvem grandes estrelas ou gigantescos buracos negros também produzem enormes quantidades de partículas ultrarrelativísticas. São eles os campeões do esporte radical de lançar no espaço projéteis que viajam às velocidades mais próximas de c, cuja massa cresce imensamente devido aos efeitos relativísticos, e para os quais o tempo tem uma desaceleração descomunal.

O nosso planeta é inundado por uma chuva incessante de partículas vindas de todas as direções, sobre cuja origem alguns progressos começam a ser feitos. Foram chamados de raios cósmicos porque nascem nas profundezas do espaço que os rodeia. Geralmente são prótons e núcleos de hélio que viajam a velocidades indistinguíveis de c; muito mais raramente encontraram-se núcleos carregados de elementos mais pesados, até o chumbo. Raríssimos são os que se devem a elétrons, neutrinos e fótons de altíssima energia. Quando partículas carregadas muito energéticas penetram nas camadas superiores da atmosfera, produzem-se choques espetaculares com as moléculas de gás. Neles são gerados jorros de partículas secundárias, semelhantes às que surgem das colisões de LHC, que acabam inundando o solo com uma chuva de partículas.

Entre os raios cósmicos encontram-se as partículas mais energéticas que já foram observadas. As de energia mais elevada fazem com que os prótons do LHC, mesmo aumentados pelos efeitos relativísticos, pareçam objetos minúsculos e inócuos. A energia dos raios cósmicos mais extremos é 100 milhões de vezes superior à que se pode alcançar no acelerador mais potente do planeta Terra.

Mas que mecanismos podem lançar no cosmo prótons de energia tão elevada? Que fenômenos podem simular o funcionamento dos autênticos superaceleradores cósmicos, tão potentes que fazem empalidecer o orgulho da ciência e da técnica terrestres?

A imensa maioria dos raios cósmicos provém da nossa própria galáxia. Pensa-se que seriam produzidos pelas explosões de tipo supernova das grandes estrelas que esgotam o seu combustível nuclear. No cataclismo, junto com o material das camadas externas da estrela também são emitidos, a alta velocidade, fortíssimos campos magnéticos, que podem acelerar as partículas carregadas com um mecanismo chamado onda de choque magnética. As forças eletromagnéticas podem aprisionar as partículas carregadas e obrigá-las a movimentos periódicos em ressonância nos quais ganham velocidade. Observaram-se fenômenos físicos de aceleração de choque magnético também no nosso Sol, quando grandes trechos de campo magnético se liberam do plasma. Nesse caso, porém, a energia dos raios cósmicos que alcançam a Terra é modesta. Mas as coisas mudam quando a onda de choque é produzida por uma supernova, e as partículas podem chegar a energias realmente notáveis, milhares de vezes superiores às do LHC.

Mas o mecanismo da aceleração por onda de choque não permitiria explicar os raios cósmicos mais extremos, milhões de vezes mais energéticos que os do LHC. A sua origem é, com toda probabilidade, extragaláctica; pensa-se que tenham sido produzidos por núcleos galácticos ativos, isto é, buracos negros supermassivos em fase paroxística, quando o disco de acreção regurgita material e se desenvolvem imensos jorros relativísticos, filamentos de matéria emitidos pelos polos. Se o eixo dos jorros é orientado na nossa direção, as partículas mais energéticas ali geradas podem chegar ao nosso planeta. O mecanismo com que essas energias podem ser atingidas ainda não está claro, mas é certo que, quando for compreendido, poderemos dizer que descobrimos o segredo dos mais potentes aceleradores de partículas do cosmo.

Os efeitos relativísticos sobre os prótons dos raios cósmicos mais energéticos são monstruosos. A massa deles cresceu 100 bilhões de vezes, e o tempo empregado para percorrerem as distâncias de centenas de anos-luz se mostra contraído por um fator idêntico: um segundo vivido por esses prótons corresponde a 3170 anos nossos.

Esses mensageiros tão especiais, que com a sua própria existência celebram o triunfo da relatividade, trazem-nos notícias pouco tranquilizadoras. Chegam até nós, nesse canto de cosmo tão tranquilo, como que para nos advertir: "Cuidado, terrestres. Não confiem demais na calma e na regularidade que os cercam. O universo também pode ser um lugar hostil e muito perigoso".

São mensageiros possessos e alucinados, como os aedos da antiga Grécia. Não falam, mas com a sua própria existência nos põem em contato com lugares muito distantes, onde ocorrem fatos terríveis e maravilhosos. Narram a morte de uma grande estrela ou a catástrofe que se produziu quando um buraco negro englobou mundos inteiros no seu disco de acreção. Para isso, atravessaram as enormes distâncias que separam as galáxias entre si, mas, movendo-se quase à velocidade da luz, o percurso se deu num piscar de olhos. Para nós, habitantes da Terra, passaram-se centenas ou talvez milhares de anos — mas eles, que competiam com a luz ao percorrer esses espaços intermináveis, nem se deram conta.

A pequena casa de tijolos brancos e vermelhos

Delft, uma pequena cidade holandesa a poucos quilômetros de Haia e Roterdã, poderia ser confundida com um dos seus subúrbios se não tivesse uma forte identidade e uma história gloriosa por trás de si. Hoje tem cerca de 100 mil habitantes e vive como que imprensada entre as duas cidades maiores, mas no século XVII, o século de ouro de Flandres, era um importante centro econômico e político. No pequeno burgo murado e cercado por um fosso estabeleceram-se excelentes artesãos: tecelões de tapeçarias preciosas e principalmente ceramistas, que haviam importado da Itália as técnicas mais refinadas. Em Delft, produziam-se para todas as cortes da Europa as faianças brancas e azuis, bem como azulejos e objetos de cerâmica que tentavam competir com as porcelanas Ming, importadas da China pela Companhia das Índias Orientais. E, acima de tudo, era a cidade da família dos Orange-Nassau. Desde que Guilherme de Orange lá se estabelecera, o pequeno centro ganhara a alcunha de "cidade dos príncipes".

Ainda hoje, visitando-a, é possível deparar-se com monumentos que lembram os faustos daquele glorioso passado: a grande praça do mercado, o edifício da prefeitura e a Oude Kerk, a igreja mais antiga da cidade, cujo campanário é inclinado como a Torre de Pisa. No seu interior, há no piso uma pequena lápide cinzenta, indicando o local onde está sepultado Johannes Vermeer, um dos maiores pintores de todos os tempos.

Andando a pé pela cidade velha, perdendo-nos entre as vielas e ruazinhas, podemos retraçar os seus passos. Encontramos o edifício onde Vermeer nasceu em 1632, que hoje hospeda um restaurante, a casa de tijolos brancos e vermelhos onde viveu com a esposa por toda a vida e a sede da corporação de São Lucas, guilda dos pintores em que era preciso se inscrever para exercer o ofício, e à qual Vermeer foi admitido aos 21 anos de idade.

Toda a vida do pintor se desenrolou entre os muros de Delft e foi um combate incessante com os credores. Um verdadeiro pesadelo, desde a morte, em 1652, do pai, que deixou ao filho uma enorme dívida a pagar. Tudo leva a pensar que Vermeer era sinceramente apaixonado pela esposa, Catharina Bolnes, uma católica de traços delicados com quem se casou no ano seguinte à morte do pai e a quem pintará em muitos retratos de interiores. Tiveram nada menos que quinze filhos, outras tantas bocas para alimentar e corpos para vestir. Os pequenos quadros de tema íntimo que Vermeer pintava tinham alguns admiradores entre os comerciantes mais abastados de Delft, mas os pequenos proventos auferidos não eram suficientes. Ele nunca teve nenhuma grande encomenda das ricas corporações, nenhuma verdadeira notoriedade fora dos limites da cidade, nada comparável às vidas dos artistas mais famosos da época, como Frans Hals ou Rembrandt.

A vida de Vermeer é curta; morre em 1675, aos 43 anos de idade, sempre atolado em dívidas, deixando cerca de quarenta telas pequenas que, na época, ninguém considerava de qualquer interesse. Hoje, os seus quadros de interiores onde assomam os famosos azulejos brancos e azuis de Delft, as cenas da vida cotidiana entre as paredes daquela casa de tijolos brancos e vermelhos ou os gestos delicados de uma moça pesando as pérolas têm um valor inestimável. Os bilionários mais ricos do planeta e os museus mais importantes estariam dispostos a pagar valores estratosféricos para obter uma dessas obras-primas. Assim, o futuro modificou o passado, transformando alguém cujos coetâneos consideravam um modesto pintor de província num dos maiores artistas da história.

Tudo começou em 1866, quando Théophile Thoré-Bürger, um crítico francês, propôs elevar o anônimo pintor de Delft ao mesmo nível dos mestres do século de ouro holandês. Desde então foi como uma enchente, que se alastrou entre artistas e intelectuais até envolver o grande público. Vermeer se tornou um ícone estilístico, foi tema de inúmeros livros e fizeram-se muitos filmes sobre ele, fazendo-o entrar por força no imaginário coletivo.

O que ocorreu com o pintor de Delft é um dos muitos casos em que percebemos a grandeza de um artista ou de um filósofo depois de muitos séculos, às vezes milênios. Fitamos o passado com outros olhos e, reelaborando-o, modificamos os seus traços, reescrevemos a história. Como dizia Jorge Luis Borges: "Todo escritor cria seus precursores. A sua obra muda a nossa concepção do passado, assim como muda o futuro".

Mas esse fenômeno, que ocorre habitualmente no campo do pensamento, poderia ocorrer também no mundo material? Pode-se imaginar uma ação do presente que modifique o passado?

A coisa não é de forma alguma estranha, pois no comportamento peculiar da matéria em escala microscópica, onde reinam a relatividade e a mecânica quântica, o passar do tempo adquire, como vimos, características realmente bizarras.

Para esse fim, conduziram-se numerosos experimentos utilizando sistemas muito simples, regidos pelas leis da mecânica quântica. Quando se manejam fótons ou átomos individuais, ou dispositivos quânticos em geral, o estado do sistema permanece intrinsecamente indefinido enquanto a medição não intervier. Um fóton pode se comportar como onda ou partícula, um átomo pode ter o spin virado para cima ou para baixo, um dispositivo quântico pode ou não conduzir corrente, isto é, encontrar-se no estado 1 ou 0. Antes de efetuar a medição, não sabemos qual é o estado do sistema; ignorando o que acontece, supomos que o sistema atravessa todos os estados, isto é, vive uma sobreposição de estados que colapsa em um específico apenas no momento em que é perturbado pela operação de medição.

Atenção: essa incerteza não é um defeito da teoria, nem decorre de um insuficiente conhecimento nosso das condições iniciais. O estado da partícula ou do sistema se mostra indefinido até o momento em que é feita a medição, que força a partícula a se congelar numa determinada condição.

Recentemente foram desenvolvidos métodos de medição "fracos", isto é, que não fazem o sistema original colapsar de maneira irreversível. São perturbações leves e delicadas que não o alteram de modo significativo. Com as medições fracas, em geral, as informações obtidas são de pouca utilidade, resultados puramente casuais, quando não totalmente óbvios: esse sistema, que não sabemos se está num estado 1 ou 0, tem a probabilidade de 50% de estar em cada um desses estados. Em suma, após uma série de medições fracas sabemos tanto quanto antes.

No entanto, um grupo de engenhosos pesquisadores capitaneados por Kater Murch, professor na Washington University de Saint Louis, no Missouri, conduziu um experimento com medições fracas que forneceu resultados surpreendentes. Usaram um simples circuito supercondutor, que se comporta como um átomo artificial quando é resfriado a temperaturas próximas do zero absoluto. Especificamente, o dispositivo tem dois níveis energéticos, correspondentes a 1 e 0, entre os quais há um número infinito de combinações, isto é, sobreposições de estados quânticos.

Para realizar a medição fraca, faz-se com que o dispositivo interaja com uma quantidade limitada de fótons de baixa energia, que não são capazes de produzir a transição entre os dois níveis e, portanto, não obrigam o sistema a colapsar num estado. O sistema não é perturbado, mas mesmo a informação transportada pelos fótons sobre o seu estado é marginal. Analisando-a, a única coisa que se pode dizer é que o sistema tem 50% de probabilidade de se encontrar num dos dois estados. Depois se realiza a medição "forte", ou seja, faz-se com que o sistema interaja com fótons que têm a energia certa para produzir a transição entre os dois estados quânticos. O sistema aniquila a sobreposição e se bloqueia num estado bem definido, mas os experimentadores mantêm essa medição oculta, tornando o resultado inacessível. Depois de realizar a medição forte, fazem uma outra série de medições fracas e finalmente analisam o conjunto das medições fracas obtidas antes e depois da medição forte. O resultado é estonteante: agora obtém-se das medições fracas uma probabilidade de 90% de que o sistema esteja num estado específico entre os dois possíveis e, abrindo a caixa que escondia o resultado da medição forte, descobre-se que a previsão está correta. Atenção: as coisas só funcionam se também forem levadas em consideração as medições fracas realizadas antes da medição forte, aquelas que, sozinhas, não tinham dado nenhum resultado. Tudo se comporta como se o que obtivemos hoje, o conjunto das medições fracas realizadas depois da medição forte, mudasse aquilo que fizemos ontem, as medições fracas que havíamos realizado anteriormente.

Não há dúvida de que o resultado é intrigante, pois realmente pareceria indicar a possibilidade, para os sistemas quânticos, de um evento futuro que muda materialmente o passado ou, pelo menos, de alguma forma de informação que pode recuar no tempo, modificando as medições fracas efetuadas anteriormente com base no resultado obtido com a medição forte.

Apresentado pelos meios de comunicação de massa, o experimento logo se tornou a prova, para o grande público, de que o tempo pode recuar, ou de que as viagens no tempo são possíveis. Como sempre, a imaginação corre muito mais depressa do que a nossa compreensão dos fenômenos sutis que se aninham no mundo do infinitamente pequeno.

Eu sugeriria termos, neste caso, como em outros, extrema cautela. A mecânica quântica contém infinitas sutilezas que ainda não compreendemos. Nada impede que possa haver uma explicação muito mais simples e menos fantasiosa. O fato de que o método, para funcionar, demanda a realização de medições fracas também depois da medição forte deveria acionar em nós algum sinal de alerta. Os eventos transcorridos podem ser influenciados por eventos futuros? Pareceria que sim, desde que, porém, se conheça o resultado que eles produziriam. Antes de nos lançarmos em elucubrações fantasiosas, devemos ter clareza de que a mecânica quântica funciona muito bem e a usamos todos os dias, mas ainda não entendemos exatamente o porquê. Assim, por ora, a ideia de que o futuro pode alterar o passado dos sistemas materiais microscópicos é somente uma sugestão. Pode se revelar um tremendo engano ou abrir caminho para novas formas de compreensão da natureza.

7. O tempo do infinitamente pequeno

O MONTE OLIMPO, na Grécia, é uma montanha bastante anódina. É a mais alta do país, mas, não fosse o mito que a converteu na morada dos deuses, poderíamos passar ao seu lado sem notá-la. Mitikas, o seu topo, beira os 3 mil metros de altura, frequentemente envolto em nuvens. Foi isso o que a tornou especial aos olhos de comunidades que colocavam os seus numes protetores no alto das montanhas: as Musas no Hélicon; a morada de Pã nas encostas do Mênalo, na Arcádia; Apolo no Parnaso. Alguns especulam que, na época pré-homérica, ocorriam em torno do topo fenômenos de aurora boreal; a fantasmagoria de luzes móveis e coloridas levou a que se imaginasse o tilintar das armas da batalha entre os Gigantes. Em suma, os antigos acreditavam que lá se encontravam a morada dos deuses e o trono de Zeus, senhor do raio. Uma dúzia de seres sobrenaturais, destinados à eternidade pela ambrosia, o alimento que concede imortalidade. Divindades que acompanhavam do alto os acontecimentos dos humanos; raramente com "olímpica" indiferença, na maioria das vezes com ardorosa participação, amiúde misturando-se pessoalmente ao que ocorria com os mortais, para compartilhar os seus aspectos mais nobres, mas também os mais mesquinhos.

A combinação das partículas elementares do Modelo Padrão pode produzir centenas de diversos estados materiais, mas a grande maioria dura apenas um brevíssimo lapso de tempo. Toda a matéria estável que povoa o universo é feita de elétrons, prótons, nêutrons, fótons e neutrinos: um pequeno grupo de componentes, que não decaem em outras partículas e têm uma descomunal duração de vida, a ponto de serem considerados praticamente eternos. Um punhado de eleitos que podem observar a evolução e as vicissitudes de todas as outras formas materiais, ignorando o passar do tempo e sem perder o *aplomb* de quem já viu de tudo.

O curioso é que, caso se considerem as respectivas antipartículas — três neutrinos e três antineutrinos, elétron e pósitron, próton e antipróton, nêutron e antinêutron — e mais o fóton, a família conta com treze componentes, um número muito próximo às doze divindades do Olimpo. E, como convém nesses casos, a presença dos fótons garante que essa família possa dispor de raios, as armas que protegeram por longo tempo o reino de Zeus.

Um punhado de eleitos

Repitamos: a imensa maioria das partículas elementares consome a sua existência numa fração quase imperceptível de segundo. Até as moscas de fruta, os insetos mais amados pelos geneticistas — pois sua expectativa de vida não ultrapassa duas semanas e num ano é possível estudar dezenas de gerações —, têm uma existência de duração infinita comparada à das partículas elementares mais instáveis. A vida de alguns desses componentes fundamentais da matéria pode se consumir em milésimos de bilionésimos de segundo; para outros, ela é tão breve que nem sequer dispomos de termos apropriados para descrevê-la, visto que seria bastante ridículo falar em decimilionésimos de bilionésimos de bilionésimos de segundo. Nesses casos, é preciso recorrer à matemática, que nos permite escrever 10^{-25} segundos, embora a nossa imaginação tenha dificuldade em entender o que intervalos de tempo tão minúsculos realmente significam.

As exceções mais importantes a existências tão efêmeras são as dos elétrons e prótons. Em agudo contraste com durações tão evanescentes, eles têm vida praticamente eterna. Os elétrons são os léptons mais leves e são carregados. Essas duas características os protegem de decair. Simplesmente não existem outras partículas em que eles possam se desintegrar sem violar algum princípio de conservação. Todas as partículas carregadas são muito mais pesadas, e o decaimento é vetado pela conservação da energia; entre as neutras, há muitas levíssimas, por exemplo os neutrinos, mas também esse caminho está bloqueado, porque violaria o princípio de conservação da carga. Em suma, o elétron é condenado a viver eternamente, a jamais morrer. E, de fato, os experimentos mais complexos e sofisticados, que tentaram medir algum raríssimo decaimento do elétron, tiveram de desistir sem ver qualquer decaimento, e desse resultado obtiveram-se limites sobre a sua vida média, que é superior a 10^{24} anos. Para um termo de comparação, do Big Bang até hoje transcorreram $1,4 \times 10^{10}$ anos. Ou seja, os elétrons que circulam nos fios elétricos que temos em casa, ou os que ocupam os orbitais atômicos das pontas dos nossos dedos, nasceram nos primeiros instantes de vida do universo. São velhíssimos, mas ainda trabalham cumprindo as suas funções, realmente indispensáveis, como se fossem jovenzinhos cheios de energia.

Ainda mais surpreendente é a existência eterna dos prótons. Nesse caso, não se trata de partículas elementares; já vimos que um próton é feito dos quarks mais leves, dois up e um down, que trocam entre si a força forte trazida pelos glúons. Os três quarks têm uma massa total de ~0,01 GeV e se mantêm juntos devido a uma energia de ligação de ~1 GeV, isto é, cem vezes superior. É um aperto formidável que esmaga tudo num minúsculo volume, formando uma estrutura extremamente compacta e robusta.

O próton é um sistema tão bem estruturado que são poucos os ambientes naturais onde ele não fica à vontade. Nem as altíssimas pressões e temperaturas que se registram no coração das estrelas conseguem afetar a sua imperturbabilidade. No máximo, os prótons são obrigados a se fundir mutuamente para formar núcleos mais pesados, porém nem mesmo essas energias monstruosas são suficientes para desintegrá-los. O obstáculo é a enorme muralha de energia que mantém os seus constituintes unidos e representa uma barreira quase intransponível. Para produzir a fragmentação de prótons, é preciso recorrer aos raios cósmicos de alta energia ou aos aceleradores de partículas modernos, ou então procurar nos jorros relativísticos de matéria emitidos pelos buracos negros supermassivos ou em outras catástrofes cósmicas de potência equivalente.

Quanto ao resto, os prótons participam, indiferentes, de todos os principais estados da matéria, sem jamais se desintegrar em partículas mais leves. Quando os cientistas tentaram identificar algum raríssimo decaimento seu, tiveram de se render à evidência: nem nos equipamentos mais mastodônticos, mantidos sob observação por anos, foi possível observar uma única desintegração. Até onde sabemos, o próton é um estado da matéria praticamente eterno, uma partícula estável cuja vida média ultrapassa 10^{33} anos. Mesmo que o nosso universo tivesse vivido uma vida interminável, bilhões de vezes mais longa do que a lentíssima história que levou à formação de estrelas, galáxias e sistemas solares, tudo faz pensar que os prótons teriam passado por ela sem ser minimamente afetados.

Ainda mais curiosa é a história do nêutron, uma espécie de primo do próton, ao qual se assemelha muito na composição. Ele também é feito de quarks leves, mas nesse caso são dois quarks down e um up, todos unidos pela força forte trazida pelos glúons. Disso deriva uma partícula desprovida de carga elétrica e com uma massa semelhante, levemente superior à do próton. Como ele é mais pesado do que o primo carregado, o nêutron poderia decair num próton sem violar a conservação da energia. E, de fato, é o que acontece quando está livre, isto é, quando não está esmagado junto com os prótons para formar um núcleo atômico. Nesse caso, o nêutron não segue um longo caminho: decai rapidamente num próton, num elétron e num antineutrino, com uma vida média de cerca de quinze minutos. Uma coisa impressionante é que isso não ocorre quando ele está dentro de um núcleo atômico. Obrigado a interagir com outros nêutrons e prótons do núcleo, está demasiado ocupado para pensar em decair, e a sua vida média se mostra superior a 10^{31} anos.

Os neutrinos e os fótons também são constituintes estáveis. Podem ser absorvidos e interagir com outras formas de matéria, mas, se deixados sozinhos, nunca decaem em outras partículas.

Uma enorme nuvem fina dessas partículas tímidas e leves ocupa o universo inteiro. Elas vagueiam pelas grandes distâncias cósmicas, imperturbáveis, desde quando, bilhões de anos atrás, se separaram do abraço da matéria. Os neutrinos conseguiram se liberar quase imediatamente, apenas um segundo depois do Big Bang, mas para os fótons foi tudo mais complicado. Tiveram de esperar pacientemente durante 380 mil anos, até que a expansão do espaço-tempo resfriasse suficientemente tudo. Nesse ponto, de súbito conseguiram escapar da matéria a que estavam mesclados até um instante antes, e a partir de então ficaram livres. Continuaram a voar por toda parte, atenuando-se conforme o universo prosseguia a sua expansão, e agora nos inundam de radiação cósmica primordial, proveniente de todas as direções.

As partículas estáveis constituem a base de todas as formas permanentes de matéria que conhecemos. Elas nos permitem explicar o bater de asas de uma borboleta ou a dinâmica de uma estrela de nêutrons, onde a matéria é tão densa que a quantidade contida numa colherinha de café pesaria 300 milhões de toneladas.

Os séculos passam, os milênios se sucedem, mas os mecanismos perfeitos que regulam a dinâmica dessas minúsculas partículas agem impassíveis. Nenhum sinal de desgaste, nenhuma consunção; o tempo, nesse mundo incorruptível, passa sem deixar a menor marca atrás de si. Tudo induz a pensar que para eles o tempo não existe.

Excluindo os prótons e os nêutrons, não sabemos se as outras partículas têm alguma constituição interna; se tiverem, há de ser algo muito bem organizado, que age por tempo indefinido, sem dissipação nem desperdício.

É graças a elas que estamos aqui. Um mundo material que não fosse estável e persistente não poderia dar vida a organismos complexos como os biológicos, cujo desenvolvimento exige bilhões de anos. Durarão indefinidamente, embora tenham uma data de nascimento muito precisa, que podemos reconstituir em cada detalhe. Não sabemos se para elas haverá um fim. Se houver, com toda probabilidade não dependerá de nenhuma fraqueza interna, mas de algo totalmente inesperado que romperá o mecanismo perfeito que as mantém, desde tempos imemoriais, e que parece poder durar infinitamente.

No reino evanescente do efêmero

Acabamos de celebrar a glória dos componentes estáveis da matéria com uma sinfonia que se abriu num tom maior, tranquilizador e majestoso, quando de repente um trítono, totalmente inesperado, nos mergulha na ansiedade.

O mosteiro de Fonte Avellana foi construído na encosta da montanha, entre os bosques do monte Catria, nos Apeninos da região das Marcas. Encontra-se a cerca de cinquenta quilômetros da maravilhosa cidade renascentista de Urbino, e as suas origens se situam no final do século x. Foi por volta de 980, de fato, que alguns eremitas escolheram viver ali, isolados do mundo. É um dos mosteiros mais antigos da Europa, centro de difusão dos frades camaldulenses, uma ordem beneditina cujo nome provém do eremitério de Camaldoli, nas proximidades de Arezzo.

O mosteiro é um edifício complexo, com uma estrutura labiríntica, fruto de sucessivos acréscimos e diversas transformações: ainda se pode ver a antiga mesa de trabalho, bem iluminada, onde os copistas transcreviam os livros mais antigos. Os manuscritos mais preciosos são guardados numa maravilhosa biblioteca, em cuja entrada se destaca uma frase em grego, síntese da maravilhosa importância da cultura: *Psychés iatreíon*, "local que cura a alma".

Os frades que o administram permitem que os viajantes durmam nas antigas celas, se assim quiserem. Elas foram modernizadas, mas ainda conservam a memória dos monges mais famosos que lá estiveram, cujos nomes se destacam nas portinholas de entrada. Quis o acaso que me designassem a cela do monge Guido, ou Guido de Arezzo, e assim tive a experiência de dormir na cela daquele que foi o primeiro a codificar a linguagem musical moderna.

O frade beneditino foi prior do mosteiro de Fonte Avellana entre 1035 e 1040 e, se pedirmos autorização, é possível ver, sem tocar, alguns dos seus manuscritos conservados na biblioteca. O monge Guido foi o idealizador da notação musical moderna, ou seja, as notas que ainda hoje, mil anos depois, são indicadas com as sílabas iniciais dos versos do hino a são João Batista.

Guido de Arezzo foi um dos primeiros a apontar que o trítono, duas notas com distância de três tons, criava uma desarmonia insuportável para o ouvido humano. A passagem musical gelava o sangue nas veias dos ouvintes e, desde então, julgava-se que o diabo ali metera a sua colher. Não por acaso o *diabolus in musica* foi usado nos riffs mais famosos do Black Sabbath, grupo de heavy metal dos anos 1970 e na trilha sonora de muitos filmes de horror, bem como nas sirenes da polícia e dos bombeiros.

O trítono cria alarme, assusta, porque prenuncia algo terrível. E assim cabe-nos também mudar rapidamente de tom, precipitando-nos do mundo tranquilizador e glorioso da matéria estável para o mundo inquieto e angustiante das formas mais efêmeras. A passagem é brusca. A grande sinfonia compacta e ordenada da qual participam todos os naipes da orquestra interrompe-se de chofre e cede lugar a uma atmosfera rarefeita, que nos desperta inquietação, envolvendo-nos numa sequência aleatória de trinados e murmúrios e um distante ribombo de percussão.

O acorde diabólico nos faz mergulhar no círculo infernal das partículas instáveis. Formas de matéria de cuja existência, até pouco tempo atrás, não tínhamos o menor indício, que aparecem por uma fração de segundo e imediatamente mudam de forma. Um mundo de objetos efêmeros que vivem uma existência quase insignificante, que se assemelha àquele mundo dos espectros que lançam Hamlet no mais sombrio desespero.

As outras partículas elementares e todas as formas de matéria que se podem construir com elas são altamente instáveis. Desvanecem logo depois de produzidas, desintegrando-se num minúsculo fogo de artifício. Formas exóticas de matéria podem nascer de colisões de raios cósmicos com a matéria ordinária, ou são produzidas nas máquinas aceleradoras, mas têm vida brevíssima, porque se transformam imediatamente nas partículas estáveis.

O processo de desintegração é guiado por mecanismos aleatórios. Partículas mais maciças decaem em partículas mais leves, desde que respeitados os princípios de conservação da energia, da carga e assim por diante. E tudo prossegue até que, no fim da cadeia, partículas estáveis são produzidas e o processo se interrompe. A transição é espontânea e intervém de modo incontrolável com probabilidade uniforme no tempo. Por exemplo, se num dado intervalo de tempo um terço das partículas decai, isto é, trinta em noventa decaem, no intervalo seguinte morrerão vinte das sessenta sobreviventes, e assim por diante.

Esse mecanismo totalmente aleatório faz com que os processos de vida e morte das partículas sejam muito diferentes dos fenômenos referentes aos organismos vivos. Para quem pertence a uma população com uma expectativa de vida média de oitenta anos, a fração de indivíduos que vai morrer na infância ou muito jovem é pequena; a fração cresce com o aumento da idade, atinge o máximo quando chega em torno da expectativa de vida média e depois cai rapidamente. Muitos chegarão a uma idade avançada, alguns se tornarão centenários, mas ninguém poderá esperar viver alguns séculos. Para as partículas elementares é tudo diferente, porque a probabilidade de decair é constante no tempo; haverá muitas que se desintegrarão imediatamente, mas algumas, as mais afortunadas, poderão viver o quíntuplo ou o décuplo da vida média.

A vida média das partículas elementares instáveis depende das forças que as fazem se desintegrar: quanto maior é a intensidade da força que determina o decaimento, tanto mais breve é a vida média. As mais afortunadas, isto é, as partículas que vivem mais tempo, por assim dizer, são as que se desintegram por causa de reações produzidas pela força fraca. Nesse caso, sobrevivem por intervalos de tempo da ordem de $\sim 10^{-6}$–10^{-13} segundos. Se o que produz o decaimento é a força eletromagnética, a vida média cai para $\sim 10^{-16}$–10^{-20} segundos, enquanto as partículas ligadas a interações fortes são brevíssimas, em torno de 10^{-23} segundos.

O que regula esses fenômenos? Há alguma espécie de relógio interno? Não sabemos. Podemos apenas dizer que decaimentos são processos aleatórios, dominados pelas flutuações de energia ligadas ao comportamento quântico das partículas. Na verdade, esses estados da matéria, tão efêmeros que pudemos ignorá-los até um século atrás, se demonstraram importantíssimos para entender as leis que regem a matéria. No mínimo porque eram eles que povoavam o universo criança nas condições extremas imediatamente posteriores ao Big Bang. A possibilidade de estudá-los nos nossos laboratórios nos permitiu entender o que aconteceu nos primeiros instantes de vida do universo e quais as transformações que ele sofreu antes de se organizar nas formas materiais estáveis que o caracterizam hoje. Mas, acima de tudo, esse mundo de estados instáveis e mutáveis nos permitiu compreender as profundas simetrias que regulam os componentes elementares da matéria. Sem a ajuda dos "espectros", os cientistas, assim como Hamlet, jamais teriam entendido o que realmente aconteceu.

A vida temerária dos múons

Os múons são partículas carregadas como os elétrons e, portanto, são afetados pela ação de campos elétricos e magnéticos. Mas, como pesam cerca de duzentas vezes mais do que os elétrons, sofrem acelerações bem menores e, portanto, é raro que irradiem fótons. Por isso, são muito mais penetrantes do que os elétrons, perdendo apenas para os neutrinos, que, sendo neutros, interagem apenas fracamente com a matéria. Os múons podem atravessar imperturbáveis quilômetros de rocha compacta, e é sempre muito difícil pará-los.

Um limite ao seu poder de penetração se deve ao fato de serem instáveis e decaírem em elétrons e neutrinos. O que os leva à desintegração é a interação fraca, e por isso têm uma vida média de 2,2 microssegundos. Pouco mais de dois milionésimos de segundo pode parecer um tempo infinitesimal, mas, em comparação ao tempo característico de outras partículas instáveis, pode-se dizer que os múons têm uma expectativa de vida invejável. Quando então se movem a velocidades próximas a c, a vida deles pode ser bastante temerária e se tornar realmente interessante. Como pesam cerca de 0,1 GeV, é bastante fácil produzir múons relativísticos ou ultrarrelativísticos e, nesse caso, a vida média deles pode se ampliar consideravelmente.

O exemplo mais comum são os múons dos raios cósmicos, partículas que nos atravessam sem nos causar muitos danos, como uma chuva fina e invisível que provém de todas as direções. São produzidas pelos prótons de alta energia que, depois de ter atravessado as profundezas dos espaços cósmicos, interagem com os átomos das camadas superiores da atmosfera, entre quinze e vinte quilômetros de altitude. Os múons são produtos secundários dessas colisões, mas, se não sofressem fortes efeitos relativísticos, não haveria nenhuma possibilidade de alcançarem a superfície terrestre. Mesmo viajando a c, a velocidade máxima, não poderiam percorrer mais de setecentos metros. E, no entanto, encontramos um fluxo constante de múons também no nível do mar ou nas cavernas subterrâneas mais profundas. É uma confirmação adicional da relatividade especial. Pouco menos da metade dos múons produzidos na alta atmosfera viaja a mais de 99,9 % da velocidade da luz; vivem, portanto, 25 vezes mais do que a sua vida média e podem atravessar sem problemas mais de dezesseis quilômetros de atmosfera. Habitualmente, no seu sistema de referência o tempo não muda, decaem regularmente com vida média de

2,2 microssegundos, mas para nós, que os observamos do exterior, o tempo de existência deles se dilata. Por isso uma fração de múons consegue nos alcançar mesmo que estejamos tomando sol na praia ou trabalhando na caverna do experimento CMS (Solenoide Compacto de Múon, na sigla em inglês), a cem metros de profundidade, perto de Genebra.

Imitando o major Kong, que cavalga uma bomba atômica no filme *Dr. Fantástico*, de Stanley Kubrick, podemos nos imaginar voando montados num múon; mas precisamos estar preparados para não nos espantar com os estranhos fenômenos que ocorreriam nesse caso. Os múons que emergem das colisões produzidas pelos aceleradores de partículas modernos podem alcançar energias de milhares de GeV. Os efeitos da dilatação relativística sobre as suas vidas médias são muito grandes. A vida média dos múons de 1 TeV produzidos pelo LHC é de cerca de dois centésimos de segundo, o que significa que aqueles emitidos na direção certa podem atravessar a Terra de um lado ao outro e ressurgir imperturbáveis no Pacífico, nos arredores da Nova Zelândia. Os campeões de energia entre os múons são os produzidos pelos raios cósmicos mais violentos, que podem alcançar valores até cem vezes superiores aos do LHC e chegar a viver alguns segundos.

Esse poder de penetração dos múons cósmicos teve também aplicações totalmente inesperadas. Alguns anos atrás, os jornais publicaram a notícia da descoberta de uma câmara secreta no interior da pirâmide de Quéops, em Gizé, no Egito. O anúncio despertou admiração sobretudo pela técnica com que a grande cavidade foi identificada. Não foram arqueólogos aventureiros tipo Indiana Jones que descobriram o "Grande Vazio", como foi apelidada a nova câmara; não foi preciso descobrir acessos escondidos ou atravessar túneis perigosos: a descoberta foi feita por uma equipe de arqueólogos-cientistas que usaram a muografia, isto é, exploraram o fluxo de múons que atravessa a pirâmide para fazer uma radiografia da antiga construção. Os múons, de fato, podem ser usados tal como os raios X que atravessam o nosso corpo quando fazemos uma tomografia num hospital. Se o meio atravessado não é homogêneo, onde há menor densidade devido à presença de uma cavidade, há menos interações de múons, e torna-se possível construir uma imagem gravando as variações no fluxo de partículas. A técnica utilizada para investigar o interior das pirâmides foi aplicada também em outros estudos, por exemplo para realizar imagens das câmaras magmáticas dos grandes vulcões.

Essa possibilidade de dilatar a vida média dos múons deu início a um projeto recente, que prevê construir um acelerador para os múons. As vantagens de uma máquina desse tipo seriam enormes. Os múons permitiriam colisões muito limpas, porque os choques ocorreriam entre objetos puntiformes, exatamente como os elétrons, mas poderíamos alcançar altíssimas energias, porque os múons podem ser acelerados até algumas dezenas de TeV sem irradiar de modo significativo, exatamente como acontece com os prótons. Uma vantagem não negligenciável seria a possibilidade de usar anéis de proporções muito mais reduzidas se comparadas a gigantes como o FCC (Futuro Colisor Circular, na sigla em inglês). Um acelerador para múons poderia ser instalado num túnel de dimensões muito menores, com notável economia nos custos dos magnetos e das infraestruturas.

Para fazer com que os pacotes de múons vivam por tempo suficiente a fim de podermos injetá-los num acelerador, fazê-los circular e levá-los à colisão, bastaria prever um estágio de pré-aceleração de algumas dezenas de GeV, valor suficiente para dilatar a sua vida média algumas centenas de vezes.

O principal obstáculo a ser vencido para realizarmos essa espécie de máquina dos sonhos é conseguir produzir múons em grande quantidade com características adequadas para serem injetados e acelerados num colisor. Há pelo menos dois estudos que estão procurando encontrar as soluções técnicas corretas. Se tiverem sucesso, irá se abrir um novo caminho no campo das máquinas aceleradoras, e os aceleradores de múons poderão se pôr ao lado das duas linhas de pesquisa tradicionais baseadas em máquinas a elétrons ou a prótons.

Beleza, encanto e timidez dos quarks

Os dois quarks pesados *b* e *c* receberam nomes muito sugestivos: *beauty** e *charm*, beleza e charme, fascínio. Eles também são instáveis e decaem por interação fraca como o múon, mas têm vida média bem mais breve. Situam-se entre os 10^{-12} e os 10^{-13} segundos. São intervalos de tempo tão minúsculos que representam um desafio até para os relógios mais sofisticados. Também nesse caso a dilatação relativística do tempo vem em nosso socorro.

Os dois quarks são bastante maciços: o *charm* pesa cerca de 1,3 GeV e o *beauty*, mais de quatro GeV; sozinho, cada um

---

* Mais comumente chamado de bottom, mas mantivemos a opção do autor. (N. R. T.)

deles pesa mais do que um próton. Quando se combinam com outros quarks, formam estados da matéria muito mais pesados e instáveis que os usuais. Como têm massas tão elevadas, não é fácil fazer com que se tornem relativísticos, o que é rápido de acontecer quando se lida com elétrons e múons. O *beauty* e o *charm* precisam ser levados a massas de algumas dezenas de GeV; com os aceleradores de partículas modernos, isso é bastante fácil.

Para medir tempos tão pequenos como as vidas médias de b e c, passa-se pelo espaço, isto é, o procedimento consiste em criar equipamentos para medir as minúsculas distâncias percorridas por corpúsculos que se movem à velocidade da luz, antes de decaírem num jorro de partículas secundárias. Os quarks nascem "nus", mas não podem ser vistos nesse estado; uma espécie de segregação da interação forte nos impede de estudá-los como quarks individuais. A força forte, de que estão carregados, tem uma intensidade furiosa que os obriga a se ligarem imediatamente com outros quarks. É como se os quarks nus fossem supertímidos, aterrorizados com a ideia de que alguém viesse a espiar as suas formas mais íntimas; logo que surgem das colisões de alta energia, cercam-se imediatamente com outros quarks com que interagem, revestindo-se com eles, para adquirir um aspecto mais ordenado e composto. Mas a sua presença se faz inequívoca tão logo a nova partícula decai. Reconhecendo a vida média característica dos b ou dos c, tem-se a prova incontestável de que sob aquela camuflagem oculta-se a *beleza* ou o *charme*.

O verdadeiro desafio é reconstruir os chamados vértices secundários da interação. O ponto médio em que o encontro dos feixes acelerados ocorre é conhecido com razoável precisão; além disso, para cada colisão pode-se reconstruir o ponto exato em que, por exemplo, no LHC, os dois prótons se chocaram e deram origem a novas partículas. Chama-se vértice primário da interação e pode ser reconstituído procurando-se a intersecção entre as faixas carregadas que surgem da zona de colisão. Para medir a vida média de um quark b, é preciso identificar o ponto em que ele se desintegra, produzindo um minúsculo fogo de artifício. Nesse caso, procurando o ponto em comum das faixas carregadas que surgem do decaimento, será possível reconstituir um vértice secundário, distante e separado do primário.

Tudo se reduz a uma questão de precisão de medição das faixas. Estamos falando de distâncias espaciais minúsculas; por vezes tentamos distinguir vértices que distam somente uma fração de milímetro, o que só é possível com os mais modernos equipamentos de reconstrução das faixas. Graças ao desenvolvimento de novos sensores, ultrassensíveis e extremamente precisos, aquilo que até algumas décadas atrás parecia um sonho tornou-se uma prática rotineira.

Com a chegada dos novos detectores, hoje é possível medir as faixas com uma precisão inferior a dez micrômetros (um micrômetro (μm) é um milésimo de milímetro) e reconstituir vértices secundários que estejam a menos de cem micrômetros de distância do primário. Com instrumentos tão potentes, não há dificuldade em medir vidas médias de até 10^{-13} segundos, que se traduziriam em distâncias da ordem de trinta micrômetros antes de decaírem. Se então considerarmos que os quarks b e c produzidos nas colisões de LHC são ultrarrelativísticos, as distâncias percorridas antes do decaimento se tornam da ordem do milímetro e podem ser medidas com grande precisão. Isso, porém, assinala o limite atual da técnica em usar o tempo de voo das partículas instáveis para medir a sua vida útil.

Se quisermos explorar a região até vidas médias de 10^{-16} segundos, podemos tentar algo especial, mas então é preciso abrir mão de um colisor e recorrer a feixes em alvo fixo. Assim é possível produzir dilatações dos tempos superiores a 10 mil vezes, mas tampouco essa técnica extrema permite alcançar as vidas médias infinitesimais ligadas à interação forte.

A capacidade de identificar vértices secundários e de assim reconstruir a presença de quarks pesados na colisão tem se mostrado decisiva para muitas descobertas, inclusive a do quark mais pesado de todos, o top.

O campeão de massa entre todas as partículas conhecidas decai imediatamente após ser produzido. Ele tem tanta pressa em desaparecer de circulação que nem consegue se revestir antes de se desintegrar. É o único quark que morre completamente "nu". A sua vida média é de 5×10^{-25} segundos, e o caminho que percorre antes de decair é impossível de medir. O decaimento se deve à interação fraca, mas ocorre em tempos infinitesimais porque o top, devido à sua enorme massa, não consegue sobreviver sequer um instante no ambiente frio e inóspito para o qual foi catapultado. Só consegue ficar tranquilo quando a densidade de energia a cercá-lo é imensa. Viveu um brevíssimo período de felicidade, uma efêmera idade de ouro, nos primeiros instantes de vida do universo, quando as temperaturas eram tão elevadas que lhe permitiam saracotear à vontade, junto com os outros quarks e os glúons. Mas tudo acabou de repente assim que o universo recém-nascido se resfriou.

O interessante é que no decaimento do top há sempre a presença de um bóson W e de um quark *b*, que, por sua vez, decai depois de ter percorrido um trecho mensurável. Portanto, reconstruindo os decaimentos dos quarks *b* é possível identificar aquela fração que vem do top. Basta associar-lhes um bóson W e o jogo está montado. Graças a essa assinatura inequívoca foi possível descobrir em 1995 o primeiro punhado de eventos contendo o mais maciço dos quarks, no Colisor Tevatron do Fermilab, nos Estados Unidos. Ainda hoje usam-se técnicas semelhantes no LHC para reconstruir milhões de tops e estudar em detalhe todas as suas características.

O bóson de Higgs, outro objeto muito maciço, embora mais leve do que o top, também tem uma vida brevíssima. Os seus produtos de decaimento, as partículas em que se desintegra, saem praticamente do vértice primário da interação. Estima-se que a sua vida média é da ordem de 10^{-22} segundos. Mais uma missão quase impossível para os físicos experimentais. Como medir vidas médias tão pequenas? Veremos no próximo capítulo, mas precisaremos, mais uma vez, da mecânica quântica.

8. Uma relação muito especial

COMO O TOP E O HIGGS, o W e o Z também são muito instáveis. O mesmo destino une as partículas mais maciças do Modelo Padrão: morrem logo depois de produzidas, numa fração infinitesimal de segundo. Se comparamos as suas massas colossais às das outras partículas elementares, não há dúvida: é a linhagem dos "Gigantes". Mas as suas dimensões são desprezíveis: são, para todos os efeitos, partículas puntiformes, que chegam a concentrar num volume infinitésimo a massa de um átomo de ouro; como numa espécie de compensação, estão destinadas à existência mais efêmera de todas.

A sua vida média oscila entre 10^{-22} e 10^{-25} segundos, e nenhum instrumento conseguiria captar o caminho que percorrem antes de decair. Mesmo viajando a c, cobririam distâncias compreendidas entre as dimensões de um próton e as de um quark. Além disso, sendo muito maciças, nem as máquinas aceleradoras mais potentes conseguiriam lhes imprimir energia suficiente para dilatar a sua vida média em milhões ou bilhões de vezes, o que seria necessário para termos alguma esperança de medir o seu tempo de voo.

Para estudar intervalos de tempo tão infinitesimais, é preciso recorrer a algo especial, um método completamente diferente, que explora as estranhas propriedades que se desenvolvem na matéria quando é fragmentada nos seus componentes elementares.

Vida de Dióscuros

Todas as partículas obedecem às leis da mecânica quântica. Por mais estranhas que possam nos parecer, elas dominam o comportamento da matéria no plano microscópico e foram verificadas uma infinidade de vezes. Foi por conhecê-las detalhadamente que pudemos construir os instrumentos muito sofisticados que estão na base de quase todas as atividades humanas nas sociedades modernas. Se de repente, por alguma estranha brincadeira do destino, a física dos quanta deixasse de funcionar, tudo pararia: aviões e automóveis, hospitais e centros de comunicação, celulares e computadores, fábricas e sistemas logísticos.

Um dos eixos da mecânica quântica é o princípio da incerteza, e foi justamente aqui que se encontrou a chave para medir as vidas médias mais minúsculas.

Na física clássica, podem-se escolher duas grandezas físicas quaisquer, por exemplo a velocidade e a posição de uma Ferrari que atravessa a linha de chegada de uma corrida de Fórmula Um, e não há limites para a precisão com que se podem conhecer ambas ao mesmo tempo. Isso não é mais possível na física quântica, na qual uma nova regra proíbe que as grandezas ditas incompatíveis sejam medidas juntas com altíssima precisão. Se reduzimos a zero a incerteza com que conhecemos uma delas, aumentamos ao infinito a indeterminação da outra. A dupla de grandezas posição e quantidade de movimento, isto é, o produto da massa pela velocidade, é o exemplo clássico de grandezas incompatíveis.

Muitas vezes justifica-se o princípio da incerteza como incerteza ligada às perturbações intrínsecas à operação de medição. Para conhecer com precisão a posição de um pacote de elétrons, posso usar fótons de alta energia e medir o ângulo em que estão difundidos; mas, interagindo com os elétrons, eles acabam por mudar a sua velocidade. Na verdade, a relação de Heisenberg, assim chamada por ter sido esse físico alemão o primeiro a introduzi-la, em 1927, tem uma validade mais profunda. Refere-se a uma propriedade característica dos sistemas quânticos, que oscilam continuamente, atravessando todos os estados possíveis, e, quando a operação de medição intervém, congelam-se de repente num dos estados permitidos.

Para usar um exemplo banal, consideremos a moeda que o árbitro lança ao ar para atribuir o pontapé inicial da partida. Enquanto dá voltas no ar, a moeda fica passando de um estado a outro entre os estados possíveis; é como se fosse ao mesmo tempo cara *e* coroa. A sobreposição dos dois estados excludentes só se romperá quando a moeda pousar, e nesse ponto não haverá mais ambiguidade: será cara *ou* coroa.

Tudo nos leva a pensar que, na evolução de um sistema, mesmo na ausência de alterações ligadas à medição, o objeto quântico não pode assumir valores definidos com precisão simultaneamente para duas grandezas incompatíveis. Quando efetuamos a medição, registramos essa indeterminação para o estado particular ao qual o sistema colapsa, mas essa mesma indeterminação pareceria valer para todos os estados. A liberdade dos sistemas quânticos de atravessar todas as existências possíveis não é ilimitada; há regras férreas a serem seguidas, cujo sentido, sob muitos aspectos, ainda nos escapa. O princípio da incerteza é uma delas: constitui uma espécie de rígido tabu, que ninguém pode violar.

É uma das inúmeras coisas que ainda não compreendemos na mecânica quântica. Uma teoria que funciona muito bem, que usamos o tempo todo, embora ainda nos seja um tanto obscura. "Ninguém entende a mecânica quântica", sustentava o prêmio Nobel Richard Feynman nos anos 1970, e a sua afirmativa ainda continua válida. Sob o princípio da incerteza, como sob outras regras e fenômenos que verificamos todos os dias, há algo que nos escapa, talvez uma camada oculta em que agem simetrias e leis de conservação totalmente desconhecidas para nós. Enquanto não formos capazes de explorá-lo, temos de aceitar a frustração de continuar a usar a física quântica sem saber responder a todos os porquês.

A energia e o tempo também são grandezas incompatíveis, às quais se aplica a relação de Heisenberg. Se quisermos conhecer com alta precisão uma das duas, teremos de aceitar uma grande indeterminação sobre a outra. A incerteza sobre a energia de uma partícula ΔE, multiplicada pela incerteza sobre o tempo Δt, deve ser maior ou igual a $h/4\pi$. Como h, a constante de Planck, tem um valor extremamente pequeno, no nosso mundo macroscópico podemos ignorar tranquilamente esses efeitos; mesmo quando procuramos efetuar uma medição muito precisa não conseguimos perceber os limites impostos pelo princípio da incerteza, porque as incertezas experimentais são muito superiores.

Ligados indissoluvelmente pelo princípio da incerteza, a energia e o tempo vivem realidades complementares. Se a precisão de uma sobe aos céus, a da outra desce aos infernos e vice-versa.

Lembramo-nos do mito dos Dióscuros, Cástor e Pólux, irmãos gêmeos que viviam em simbiose. O primeiro experiente domador de cavalos, o outro imbatível no pugilato, os dois participavam juntos de infinitas batalhas e célebres façanhas; a mais famosa de todas é a viagem dos Argonautas para a Cólquida, em busca do Velocino de Ouro. Ambos eram filhos de Leda e, segundo a tradição, o pai de Cástor era Tíndaro, rei de Esparta, o legítimo esposo, enquanto Pólux era o fruto do amor da belíssima rainha com Zeus, que se transformara em cisne para conquistá-la. Leda os teria concebido separadamente, na mesma noite unindo-se ao rei do Olimpo, primeiro, e ao legítimo esposo, depois. Crescendo juntos, os dois gêmeos eram unidos por uma ligação muito forte, mas Cástor era mortal, enquanto Pólux gozava do dom da imortalidade.

Quando Cástor morre em batalha, Pólux se sente tão devastado de dor que implora ao pai que o torne mortal, para poder se juntar ao irmão no Hades e ficarem juntos para sempre no reino dos mortos. Para não perder o filho, Zeus concede a Cástor que passe um dia no Olimpo e o dia seguinte no reino dos ínferos, permitindo assim que os gêmeos continuem a viver juntos, alternando-se entre o mundo da luz e o mundo das trevas.

Daí em diante Cástor e Pólux se tornam os dois Dióscuros, filhos ou crianças de Zeus, e o termo será usado para designar, por extensão, alguém que fica dilacerado pela perda de uma irmã ou de um irmão a quem era muito ligado. Associou-se a eles a alternância entre Héspero, a estrela do crepúsculo, e Fósforo, que anuncia a manhã, antes que se soubesse que se trata sempre de Vênus, o planeta que se apresenta mais luminoso do que as estrelas logo após o crepúsculo e um pouco antes da alvorada. Por isso os pitagóricos escolheram a representação dos Dióscuros para simbolizar a harmonia do universo e a sucessão ininterrupta das duas semiesferas celestes que passavam, alternadamente, acima e abaixo da Terra. A união dos dois irmãos se torna símbolo de imortalidade e aparece em muitos sarcófagos romanos, e ainda hoje as imponentes estátuas de Cástor e Pólux acolhem os inúmeros grupos de turistas que visitam a praça do Campidoglio em Roma.

Agarrar Kairós pelos cabelos

O mesmo princípio que parece limitar as nossas capacidades de conhecimento pode ser usado para expandi-las. Se invertermos o ponto de vista, podemos ler a relação de Heisenberg da seguinte maneira: para intervalos de tempo reduzidíssimos, a incerteza sobre a energia do sistema pode se tornar muito grande. No seu flutuar contínuo entre todos os estados possíveis, o sistema atravessará também estados em que terá uma energia muito superior. Isso será possível desde que o intervalo de tempo da ocorrência seja muito pequeno.

Uma das várias implicações desse fenômeno é que assim se explica o decaimento das partículas instáveis. Por exemplo, como os múons fazem para decair por interação fraca? Para se desintegrar em elétrons e neutrinos eles precisam emitir um W, o portador da força fraca, que é um monstro de oitenta GeV. Mas como partículas que pesam um décimo de GeV conseguem gerar objetos com peso oitocentas vezes maior? Pareceria impossível, a não ser que se viole o princípio de conservação de energia.

Na verdade, o processo ocorre em duas fases: na primeira, brevíssima, por flutuação casual o múon se transforma em neutrino, emitindo o pesado W. Se o tempo do processo é tão breve que se encaixa nos limites estabelecidos pelo princípio de indeterminação, não se viola nenhuma regra, nem se comete nenhum ilícito. O importante é que W desapareça imediatamente da cena do crime, desintegrando-se num elétron e em outro neutrino. No início do processo havia um múon carregado; no final, após um intervalo de tempo muito pequeno, há um elétron, também ele carregado, e dois levíssimos neutrinos. A massa do estado final é inferior à do estado inicial, o que significa que elétrons e neutrinos não ficarão parados e sim terão energia cinética. Em última análise, a energia da partícula que decai e a dos produtos finais são iguais. Nenhum processo violou as férreas leis de conservação da energia e da carga. Como a probabilidade de flutuar e emitir o W que leva ao decaimento é puramente casual, a fração de múons que decairá será sempre a mesma para cada dado intervalo de tempo. A mecânica quântica e o princípio da incerteza nos permitem entender o andamento característico das curvas de decaimento das partículas instáveis.

O que cabe ressaltar é que o processo de decaimento ocorreu com o concurso de uma partícula mediadora de altíssima energia. O princípio da incerteza lhe permitiu agir, desde que a sua aparição fosse fugaz a ponto de impedir qualquer registro. Chamamos virtuais às partículas cuja existência é restrita a intervalos tão breves que impedem a observação direta. São presenças fantasmagóricas, que pairam ao redor das partículas reais por intervalos de tempo tão breves que escapam a qualquer observação.

É explorando o princípio da incerteza que podemos medir a vida média das partículas mais maciças e instáveis. O truque é se concentrar em medir a sua massa ou energia do melhor modo possível.

No caso de uma partícula estável, de vida média praticamente infinita, haveria todo o tempo do mundo para efetuar inumeráveis medições da massa e obter uma distribuição muito bem definida, porque a indeterminação decorrente do princípio de Heisenberg seria desprezível. Mas, se forem partículas de vida média muito breve, a massa não pode ser medida diretamente, porque o tempo não seria suficiente.

Podemos, porém, medir a energia de todas as partículas produzidas no seu decaimento e assim encontrar a massa da partícula-mãe. O que se deve notar é que, mesmo que tivéssemos uma precisão experimental ilimitada, todas as medições dariam resultados levemente diferentes. Cumpre lembrar que é a energia própria da partícula-mãe que flutua, nos tempos infinitesimais da sua breve vida. Quando formos reconstruir o valor da massa da partícula de partida, encontraremos uma distribuição de probabilidade gaussiana, em forma de sino, chamada curva normal. Tem um máximo em correspondência do valor central da massa, e é tão mais larga quanto mais breve é a vida da partícula. Este é o truque genial: medindo a largura dessa distribuição, o ΔE que aparece no princípio de Heisenberg, podemos obter o Δt, a sua vida média.

O princípio da incerteza nos permite agarrar até mesmo *Kairós*, o momento fugaz, o instante tão fugaz que não pode ser mensurável. Os gregos o representavam como um jovem com uma estranha cabeleira que hoje diríamos punk: um topete na frente e a cabeça toda raspada na parte de trás. É um deus caprichoso que representa o momento mágico, a oportunidade a se agarrar, o instante inesperado que mudará tudo. É a *For-*

tuna imperatrix mundi [Sorte, imperatriz do mundo] cantada na *Carmina Burana* de Carl Orff.

O princípio da incerteza nos oferece a possibilidade de agarrar *Kairós* pela longa mecha de cabelos que lhe desce pela testa antes que, num átimo, ele nos vire as costas mostrando-nos a nuca calva por onde não teremos como pegá-lo. O princípio de Heisenberg, que parecia limitar a nossa capacidade de medição, torna-se o estratagema para agarrarmos os tempos de vida infinitesimais das partículas elementares mais pesadas.

Medir o tempo com a energia

Quando usamos o princípio da incerteza para avaliar a vida média das partículas, deparamo-nos com outro paradoxo. O ΔE, a incerteza sobre a massa da partícula que decai e que queremos medir, é inversamente proporcional ao Δt, a sua vida média. De súbito, tudo se inverte. Até agora tínhamos medido sem problemas as vidas médias mais longas, e a nossa dificuldade era medir as mais breves. Agora acontece o exato contrário: quanto menor a vida média, maior a largura da gaussiana que descreve a massa da partícula, e mais fácil medi-la com precisão. Por exemplo, uma largura de alguns GeV pode ser medida com bastante facilidade com os equipamentos modernos, mas ela corresponde a vidas médias muito pequenas, que se situam nas proximidades de 10^{-25} segundos. Se quisermos estudar as maiores, precisamos conseguir medir larguras minúsculas, o que não é nada simples. Isso explica por que as vidas médias de Z, W e top foram determinadas com precisão mas ainda estamos sofrendo para medir a do bóson de Higgs.

Para este último, espera-se uma vida média mil vezes superior à dos seus companheiros, à qual corresponde uma largura muito pequena, na verdade até imperceptível mesmo para os equipamentos mais sofisticados.

Entre os "Gigantes" das partículas, a vida média com melhor medição é a de Z. Foi possível medi-la graças ao LEP, o acelerador do Cern que antecedeu o LHC. Um acelerador de elétrons e pósitrons, objetos puntiformes cujas colisões extremamente "limpas" são as mais adequadas para esse tipo de medições, o LEP esteve em funcionamento de 1989 a 2000 e produziu milhões de Z, e assim foi possível medir a largura de sua distribuição de energia com ótima precisão: em torno de 2,5 GeV, a que corresponde a brevíssima vida média de $2,2 \times 10^{-25}$ segundos.

O LEP produziu também uma quantidade notável de W e, nesse caso, a largura medida foi de cerca de 2,1 GeV, um pouco menor que a de Z, e por isso W tem uma vida média levemente superior, 3×10^{-25} segundos.

O LEP não tinha energia suficiente para produzir duplas de tops ou bósons de Higgs, e assim não foi possível medir a vida média deles num ambiente ideal. Foram estimadas no LHC com vários estratagemas. Mas as colisões entre prótons, que são objetos compósitos, são bastante complicadas, e a medição é muito difícil. Por ora, obtiveram-se estimativas ainda grosseiras para a sua largura e os valores correspondentes de vida média. A largura, para o top, seria cerca de 1,3 GeV, com erros experimentais ainda consideráveis, ao que corresponderia uma vida média por volta de 4×10^{-25} segundos.

O Higgs merece um discurso à parte. A largura prevista pelo Modelo Padrão para um Higgs de 125 GeV de massa é de apenas 0,004 GeV. A indeterminação sobre a massa de Higgs é minúscula, a sua curva de ressonância é estreitíssima e nenhum equipamento experimental de LHC conseguiria medi-la diretamente. Com um pouco de engenho, ajustaram-se métodos indiretos que permitem estimá-la. O resultado obtido até agora nos diz que o Higgs não pode ter uma largura superior a 0,020 GeV. Desse modo, obtém-se um limite inferior para a sua vida média: o Higgs deve viver mais de 3×10^{-23} segundos, mas estamos ainda distantes de ter conseguido medir a sua verdadeira vida média.

Por que é tão importante medir a largura da distribuição de energia e a vida média das partículas mais maciças e, em especial, do Higgs? Em primeiro lugar, para verificar se as previsões do Modelo Padrão estão corretas, e sobretudo porque essa medição poderia nos levar a novas descobertas. Uma largura ou uma vida média do Higgs diferente da prevista pode indicar modos de decaimento "exóticos", em que o Higgs se combina com partículas desconhecidas. Quem conseguisse ser o primeiro a demonstrar uma discrepância significativa poria em crise o Modelo Padrão e abriria caminho para a nova física. Esses estudos poderiam nos levar a descobrir novas partículas, talvez invisíveis, e, quem sabe, alguns misteriosos componentes da matéria escura.

O estágio inicial do FCC, o gigantesco acelerador que deve ser o herdeiro de LHC, conseguiria medir com precisão a largura e a vida média de todas as partículas mais pesadas. Seria uma máquina aceleradora de elétrons e pósitrons que produziria colisões extremamente fáceis de estudar, visto que se trata de objetos puntiformes, como no LEP. Mas a energia dessa vez seria suficiente para estudar detalhadamente toda a linhagem dos "Gigantes": W, Z, Higgs e top.

O projeto prevê produzir enormes quantidades de todas as partículas mais pesadas do Modelo Padrão para medir suas propriedades em busca das menores anomalias. As atuais medições de largura e vida média de Z e W seriam aperfeiçoadas em ordens de grandeza, ao passo que, para o top e o Higgs, espera-se uma precisão da ordem da porcentagem.

As incursões dos mensageiros, os protegidos de Hermes

A *villa* dos Papiros, que despontava sobre o mar em Herculano, foi sepultada pela erupção do Vesúvio sob uma manta de detritos com trinta metros de espessura e ali descansou por quase 1700 anos.

É a mansão dos Pisões, que Lúcio Calpúrnio Pisão, sogro de Júlio César, mandou construir, mais de um século antes da erupção, para mostrar a importância da sua *gens*. Pisão era um erudito, grande amante da cultura e protetor de filósofos seguidores de Epicuro. As escavações trouxeram à luz centenas de papiros carbonizados, e foi essa descoberta que deu nome ao palacete.

É uma construção imponente, com mais de 250 metros de comprimento e cinquenta de largura, com o corpo principal articulado em três níveis. Quem quiser conferir a sua grandiosidade pode visitar o Paul Getty Museum, em Pacific Palisades, perto de Los Angeles. O excêntrico bilionário americano deu orientação explícita aos seus arquitetos para que o museu fosse uma réplica fiel da magnífica residência em Herculano.

Os tesouros inestimáveis lá encontrados não se resumem aos mais de 1800 papiros. As escavações trouxeram à luz paredes com elegantes afrescos, mosaicos preciosos, pisos policromáticos em mármore e nada menos que 87 estátuas: 58 em bronze, as demais em mármore. Algumas são verdadeiras obras-primas, que podem ser admiradas na sala dedicada a elas no Museu Arqueológico Nacional de Nápoles. Uma em especial sempre me encantou: a estátua de Hermes, que muitos estudiosos consideram uma cópia romana de um original grego atribuído ao grande escultor Lisipo.

É um jovenzinho de olhar absorto, concentrado, sentado, com as pernas um pouco abertas, a direita estendida para a frente, a esquerda flexionada, com o pé mais atrás. Os membros superiores invertem a simetria: a mão esquerda abandonada à frente, com o antebraço apoiado na coxa, enquanto a direita está deslocada para trás, a palma pousada na rocha que serve de assento, levemente voltada para fora.

Embora o tema seja estático — um rapaz sentado, parado, descansando —, a postura é dinâmica. A torsão do busto do jovem, embora apenas esboçada, convida o espectador a rodear a estátua para apreciá-la por várias perspectivas e pontos de vista diferentes.

Os talares, pequenos calçados alados que ornam os tornozelos, não deixam dúvida sobre o personagem: é Hermes, o filho de Zeus e da ninfa Maia, o mais rápido dos deuses, ágil quando precisa voar de um lugar a outro, mas rapidíssimo também no raciocínio, de inteligência brilhante, mestre de argúcia.

Nascido de manhã, já ao meio-dia saíra do berço e, encontrando a casca de uma tartaruga, fizera uma lira. Naquela mesma noite desafiara o irmão, o poderosíssimo Apolo, roubando cinquenta novilhas dos seus rebanhos. E saíra impune.

Ao deus da velocidade e da destreza Zeus confiará o papel de intermediário entre o mundo dos deuses e o mundo dos homens. É a divindade que dá nome ao planeta mais veloz, o ágil Mercúrio,* que se move rápido pelos céus, pondo os mortais em comunicação com a ordem divina de Zeus. São as incursões de Hermes, o mais nobre dos mensageiros, que unem os incongruentes, que ligam os intrinsecamente dissímiles.

As interações fundamentais são transportadas por partículas muitos específicas, chamadas mediadoras, que se assemelham a mensageiros especiais. Como o deus de calçados alados, elas também ligam mundos heterogêneos e, sob certos aspectos, irredutíveis. Põem em comunicação quarks e léptons, criam interações entre eles ou os transformam, e, por vezes, decretam o seu fim.

Aqui entra em jogo outra consequência da estranha relação entre energia e tempo codificada pelo princípio de Heisenberg. A interação eletromagnética de duas partículas carregadas pode ser vista da seguinte forma: a primeira partícula emite um fóton de energia ΔE, que é imediatamente absorvido pela segunda. Tudo bem, mas há um intervalo de tempo infinitesimal em que tanto as duas partículas quanto o fóton emitido coexistem, o que seria violar a conservação da energia. Nada de grave desde que esse intervalo de tempo seja inferior a Δt, definido pelo princípio de indeterminação. Esse tempo é tão mais breve quanto maior for a energia transportada ΔE, e por

---

* Na mitologia romana, Mercúrio é o equivalente de Hermes. (N. T.)

isso o máximo espaço percorrido pelo mediador, $c\Delta t$, estará em correspondência com o mínimo de energia transferida. Como nenhum mediador pode levar menos energia do que a equivalente à sua massa, estabelece-se uma relação entre o raio de ação de uma determinada interação e a massa do mediador.

Para a interação eletromagnética, as coisas são simples. O fóton tem massa nula e, portanto, o seu raio de ação é infinito. Qualquer partícula carregada interage com todas as outras partículas carregadas do universo inteiro, onde quer que estejam distribuídas.

Os bósons W e Z, mensageiros da interação fraca, são partículas muito pesadas, e o princípio de indeterminação impede que voem por grandes distâncias. O raio de ação de partículas de oitenta a noventa GeV se limita às distâncias subnucleares. Por isso a interação fraca morre bem antes de chegar às bordas do núcleo atômico. Estando confinada em dimensões tão minúsculas, não admira que a humanidade tenha levado milhares de anos até se dar conta da sua existência.

Essa distinção entre forças fundamentais da natureza foi decisiva para dar uma estrutura ao nosso universo. Os velozes mensageiros dividiram entre si os papéis e zonas de influência e fizeram incursões em territórios bem definidos. Protegidos por Hermes, organizaram esplendidamente o nosso mundo material, construindo proporções e harmonia.

A dupla perfeita

A energia e o tempo formam uma dupla que se complementa muito bem. Estão ligados numa relação indissolúvel pelo princípio da incerteza, que os obriga a dinâmicas complementares em perfeita sincronia. Quando a primeira cresce desmesuradamente, o outro é comprimido a valores infinitesimais, e vice-versa. Se a primeira vai para o centro da cena, o outro some à distância, mas os papéis podem se inverter num instante.

Mesmo parecendo inconciliáveis, estão, na verdade, unidos por algo muito profundo: um poderosíssimo vínculo cujas raízes imergem na trama mais sutil do nosso universo material. Pressente-se de imediato que se trata da conservação de energia, uma das leis universais mais temidas e respeitadas. Na sua forma mais elementar encontra-se uma relação especial com o tempo.

Sabe-se que a toda simetria contínua das leis da física corresponde uma lei de conservação, isto é, uma quantidade física mensurável que permanece inalterada. Assim, se as leis do movimento não mudam quando muda a origem do eixo dos tempos, isso significa que a energia do sistema se conserva. Uma relação tão poderosa que une para sempre duas quantidades entre si irredutíveis e aparentemente estranhas.

No centro dessa ligação tão especial oculta-se o maior segredo de todos. Graças ao princípio da incerteza, que regula a dinâmica dessa estranha dupla, o vazio pode se transformar num maravilhoso universo material. Atenção: o vazio é um estado material como todos os outros. Não é o nada, embora não contenha nenhuma forma de matéria, não seja atravessado por partículas materiais e não abrigue qualquer espécie de campo. Se, perturbando-o, pudéssemos medir a energia com uma sucessão de experimentos, encontraríamos uma sequência de valores casuais, distribuídos em torno de zero. Tem energia média nula e isso significa que, em nível microscópico, passa por uma sequência interminável de flutuações, pequenas oscilações casuais, reguladas pelo princípio de Heisenberg, que o fazem bruxulear incessantemente.

O conjunto das observações efetuadas nas últimas décadas parece convergir para a conclusão, nada evidente, de que tudo se originou justamente de uma dessas minúsculas flutuações. Mesmo o vazio deve respeitar o princípio da incerteza, e por isso não pode se manter igual a si mesmo, imóvel, congelado. Dele podem surgir continuamente duplas de partículas e antipartículas, que depois de uma brevíssima existência são reabsorvidas no estado original. Graças ao princípio da incerteza, o vazio pode se tornar uma espécie de jazida inesgotável de matéria e antimatéria e de campos de forças que flutuam, atravessando todas as configurações.

E então, numa dessas minúsculas flutuações, que podemos imaginar como bolhinhas de dimensões insignificantes, muito menores que os nossos quarks, acontece algo estranho. Por aquele fenômeno que ainda apresenta alguns aspectos obscuros, e que chamamos de inflação cósmica, a bolhinha indisciplinada, em vez de voltar a se fechar imediatamente e retornar ao estado original, de repente começa a se expandir e subitamente adquire dimensões enormes.

No tempo ridículo de 10^{-35} segundos, a insignificante anomalia infla até se tornar uma coisa macroscópica. Dois ingredientes perfeitamente amalgamados se entrelaçaram num estado que ainda possui os mesmos números quânticos do vazio, mas já se apresenta como algo muito mais interessante.

O estratagema adotado é ao mesmo tempo muito simples e genial. Basta combinar os dois ingredientes complementares, um capaz de absorver a mesma quantidade de energia que é demandada para criar o outro, e pronto.

Para criar massa-energia, é preciso tomar de empréstimo a energia necessária, porque o vazio tem energia nula. Isso pode ser feito, desde que o empréstimo seja saldado o quanto antes. Mas se do vazio se origina, junto com a massa-energia, uma estrutura espaçotemporal, então milagrosamente tudo se compensa. Qualquer forma de massa ou energia nela colocada sofre atração gravitacional por parte de todas as outras formas de massa ou energia. Quando se estabelece uma ligação entre dois corpos, cria-se um estado com energia negativa, pois para liberá-los é preciso gastar energia. É a gravidade, que nasce da deformação do espaço-tempo, que paga a dívida contraída com o vazio para que emane matéria. A energia negativa compensa exatamente a positiva. A dívida é quitada imediatamente, antes que alguém no banco do vazio tenha a ideia de cobrá-la recorrendo a maus modos.

O espaço-tempo se expandiu de súbito, a uma velocidade assustadora, muito superior a c, e imediatamente se encheu de energia. Atenção: nesse caso, o limite da velocidade da luz não se aplica. No interior do espaço-tempo, nada pode se mover a velocidades superiores a c, mas se é ele mesmo que está inflando, pode crescer num ritmo mais insano.

Como todos os objetos microscópicos, essa bolhinha primordial, na qual tudo teve origem, era percorrida por ondulações infinitesimais. Isso ocorre em todos os sistemas em que vigoram as leis da mecânica quântica. A extraordinária expansão devida à inflação dilatou desmesuradamente essas minúsculas flutuações de densidade e as expandiu a dimensões cósmicas. As grandes estruturas que nos cercam, galáxias e aglomerados de galáxias, agregaram-se em torno dessas ínfimas inomogeneidades que a inflação fez expandir numa escala astronômica. O céu de uma noite clara nos mostra que a mecânica quântica, acostumada a dominar inconteste as distâncias mais insignificantes, deixou uma marca indiscutível da sua presença também nos imensos espaços cósmicos.

Sem o tempo, que brinca de esconde-esconde com a energia, não estaríamos aqui para contar essa história.

9. Pode-se inverter a flecha do tempo?

"Se ao menos eu pudesse voltar no tempo..." Quem nunca disse essa frase pelo menos uma vez na vida, lamentando uma escolha do passado? Talvez naquela ocasião em que perdemos uma chance que poderia ter mudado a nossa existência, ou cometemos um erro que causou sofrimento a uma pessoa querida. Em contextos mais dramáticos, palavras semelhantes foram murmuradas ao ouvido de um sacerdote, ou ecoaram entre as paredes de uma cela.

A ideia de trazer de volta à aljava a flecha que voa para despedaçar o nosso coração é uma sugestão poderosa, que acompanha a humanidade desde tempos imemoriais. Os grandes poetas narram o remorso de Orfeu, que perde Eurídice para sempre só por não ter resistido à tentação de olhá-la por um instante; ou o desespero de Otelo por ter matado Desdêmona, enganado pela perfídia de Iago.

Por volta do final do século XIX, o que até então só podia ser imaginado adquire de repente uma consistência quase tangível; subitamente o impossível se torna visível e reaviva o antigo sonho de voltar atrás no curso dos acontecimentos. Por efeito dos progressos técnicos e das novas invenções, ressurge a discussão sobre a natureza irreversível do tempo; entra em crise aquela consciência que fora peremptoriamente formulada desde o século IV a.C., por pensadores como Epicuro: "Não se pode desfazer o que foi feito".

Com o advento do cinema, as primeiras projeções dos irmãos Lumière permitiam que os espectadores experimentassem visualmente os efeitos da inversão temporal. Os geniais inventores do cinematógrafo haviam usado a sua fábrica de chapas fotográficas em Lyon como ambientação do seu curta-metragem *A saída das oficinas Lumière*. O primeiro filme da história foi apresentado ao público em 1895 e despertou extraordinário interesse. Os parisienses acorreram em massa para assistir à grande novidade e imediatamente pôs-se a questão de apresentar novas películas, cada vez mais surpreendentes, capazes de renovar a curiosidade do público. Logo os Lumière se deram conta do efeito hipnótico que podiam criar nos espectadores rodando a película ao contrário.

Essa técnica foi usada pela primeira vez em *Demolição de um muro*, filmado por Louis Lumière em 1896. A cena se desenrola, também nesse caso, na empresa da família. Dessa vez o protagonista é Auguste, o irmão mais velho, que dirige a demolição de um velho muro por um grupo de operários munidos de picaretas e de um macaco. Quando ele vai ao chão, se esfarela numa nuvem de poeira e detritos. Pouco depois, sem interrupção de continuidade, o muro se recompõe como que por milagre: fica inteiro e se recoloca de pé com elegância, cercado pelos movimentos dos operários que parecem acompanhá-lo com delicadeza nessa obra de reconstrução.

Está comprometida a imagem granítica do tempo que avança inelutável. Com o auxílio do cinema, os espectadores podem ver com os próprios olhos, com o realismo intrínseco que é congênito à visão, coisas impossíveis de acontecer. Sentados numa poltrona, assistem aos estranhos eventos que ocorrem quando se inverte a flecha do tempo. A ideia de que o que aconteceu seja reprodutível em todos os detalhes e se possa rever indefinidamente, modificando a passagem do tempo, para a frente ou para trás, acelerando-se ou desacelerando-se à vontade, traz de volta à atualidade a antiga questão da reversibilidade do tempo.

Uma equação nos revela um mundo de cuja existência ninguém suspeitava

A sugestão coletiva gerada pelos primeiros filmes, e pelos filmes cada vez mais sofisticados produzidos pela nascente indústria cinematográfica, segue a par da revolução científica das primeiras décadas do século xx.

No final da década de 1920, ainda não completara trinta anos o jovem cientista inglês Paul Adrien Maurice Dirac, nome que indica seu pertencimento a uma família que emigrou para a Inglaterra a partir de Valais, um dos cantões da Suíça francófona. A tese com que, em 1926, ele obtivera o doutorado no Saint John's College de Cambridge tinha um título simples: *Mecânica quântica*. Dirac parece ter sido o primeiro estudante no mundo a ter a coragem de escolher como tema de tese a nova teoria que, naqueles anos, estava ainda em desenvolvimento.

Logo a seguir, ele se lançou de cabeça na tentativa de conciliar relatividade e mecânica quântica, as duas revoluções com que o século se iniciara. Essa conciliação era necessária para descrever o comportamento das partículas subatômicas de alta energia. Para a sua grande surpresa, Dirac logo percebeu que a equação que obtivera para o elétron, de carga negativa, admitia uma solução também para partículas semelhantes ao elétron, mas com carga oposta, positiva. Isso, de início, parecia absurdo. Somente alguns anos depois, em 1932, viríamos a entender o significado físico daquilo que por algum tempo parecia ser uma mera curiosidade formal — quando um outro jovem cientista, Carl David Anderson, descobriu os primeiros pósitrons. Ele encontrou entre os raios cósmicos partículas inteiramente similares aos elétrons exceto por, dentro de um magneto, elas se curvarem na direção oposta, e teve de concluir que tinham carga positiva.

Com a descoberta dos pósitrons, evidenciou-se para todos que na equação de Dirac estava oculta uma boa metade do mundo material. De repente, graças ao jovem estudioso, esquivo e de pouquíssimas palavras, era preciso admitir que a toda partícula corresponde uma outra, de massa idêntica e carga oposta, a que hoje chamamos de antipartícula. Aquela equação tão elegante nos fez descobrir um mundo que até então permanecera totalmente desconhecido, de cuja existência ninguém suspeitava.

Com o advento da antimatéria, reabre-se a questão da reversibilidade do tempo no mundo microscópico das partículas elementares. A simetria das equações é tal que uma partícula de matéria que avança no tempo é equivalente a uma partícula de antimatéria que se propaga para trás no tempo. Em outros termos, fazer um elétron aparecer num certo ponto do espaço é equivalente a fazer um pósitron desaparecer no mesmo ponto. Graças à antimatéria, pode-se usar energia para extrair do vazio pares de partículas e antipartículas. E o processo pode ser invertido temporalmente: colocando-os em contato, os pares desaparecem de circulação. Aniquilam-se, deixando atrás de si um jorro de energia.

O pressuposto de que o tempo dos processos no mundo das partículas elementares poderia ser invertido sem nenhum vínculo durou muito tempo. Parecia a todos a solução mais simples, quase óbvia. Por outro lado, no formalismo utilizado para estudar os choques entre partículas elementares a hipótese era plausível, quer se observasse o fenômeno com o tempo regular, que flui em frente, quer se o observasse com o tempo invertido. Por exemplo, duas partículas que interagem e saem da colisão com trajetórias levemente desviadas seguem um comportamento coerente com as leis da física, embora o fenômeno seja observado com o tempo fluindo para trás. Nesse caso, veem-se as duas partículas do estado final que se movem em direções opostas, chegam a se chocar e saem da colisão com velocidades opostas às do estado inicial originário.

Tudo parece se desenvolver exatamente como se o filme da colisão fosse projetado ao contrário. O mundo microscópico das partículas elementares parecia de fato funcionar como aquela representação da realidade com a flecha do tempo invertida popularizada pelos irmãos Lumière.

Na verdade, as coisas se revelaram muito mais complicadas. Com o início de experimentos sofisticados sobre a inversão do tempo e da carga em alguns processos de decaimento, descobriram-se efeitos que contradiziam a hipótese inicial de total simetria. Nem mesmo a física das partículas elementares era simétrica por inversão do tempo. Nesse estranho mundo, distinguia-se também entre passado e futuro e não bastava inverter o tempo para obter processos perfeitamente simétricos.

Os estudos sobre a inversão temporal no mundo do infinitamente pequeno são bastante complicados porque se procuram minúsculos desvios, fenômenos elusivos, geralmente muito raros.

Sobre essas pesquisas há uma anedota divertida, cuja autenticidade jamais pude verificar, mas que ouvi no laboratório do Instituto Nacional de Física Nuclear em Frascati, nos arredores de Roma. É sobre Bruno Touschek, um genial físico vienense, que veio a desenvolver as suas atividades na Itália a partir dos anos 1950. Foi ele quem propôs, em 1960, a construção do ADA, acrônimo para Anel De Acumulação, o primeiro acelerador no mundo hospedando elétrons e pósitrons no mesmo circuito magnético. Fazendo uma partícula e a sua antipartícula circularem na mesma órbita, mas em direções opostas, obtinham-se colisões em que toda a energia da aniquilação era utilizada para produzir novas partículas. A máquina operou com sucesso e a ideia genial de Touschek abriu o caminho e nos levou aos modernos aceleradores de partículas.

Durante a sua carreira, infelizmente encerrada por uma morte prematura, Touschek se ocupou bastante desses processos raros que pareciam violar a simetria da inversão temporal. Foi exatamente nessa época que ele sofreu um acidente na estrada cheia de curvas que leva ao laboratório, nas encostas do monte Tuscolo, pouco abaixo de Frascati. Como acontece nesses casos, o motorista do carro acidentado foi levado ao pronto-socorro do hospital mais próximo. O protocolo prevê que o médico faça perguntas ao ferido para apurar se as respostas são adequadas e com isso excluir que tenha sofrido danos no cérebro ou traumas que tenham prejudicado a lucidez. Assim, o médico lhe perguntou sobre o trabalho que fazia e pelo que se interessava naquele momento, ao que Touschek respondeu com seriedade: "Sou físico e lido com a inversão temporal". Com o que o médico não hesitou: internação de urgência, com diagnóstico de sério traumatismo craniano.

O Santo Graal da simetria

Não admira muito que a mera menção à inversão do tempo tenha preocupado o médico de Frascati. No mundo material complexo em que se desenrolam as nossas existências cotidianas, vigora uma nítida separação entre passado e futuro. Quando um copo cai da nossa mesa, prontamente vemos que ele se quebra no chão. Se alguém gravou a cena com um celular e a projeta ao contrário, percebemos imediatamente que a filmagem foi editada e o sentido, invertido. Vemos os cacos saltarem do chão para a mesa, recompondo-se elegantemente para formar o copo original. É uma cena a que nunca assistimos no mundo real.

Mas no mundo dos objetos muito simples, como as partículas elementares, submetidas a um punhado de interações, tudo poderia se desenrolar de maneira mais simétrica e ordenada, e mesmo o tempo poderia escapar à condenação de correr sempre numa única direção. Poderíamos ter reações e decaimentos que se desenvolvem em perfeita simetria. A única possibilidade é verificar se isso realmente acontece, e tentar entender se existe na natureza uma simetria forte, válida em todas as circunstâncias.

O exemplo mais comum de simetria é a especular. Podemos verificá-la todas as manhãs, quando nos olhamos no espelho, enquanto escovamos os dentes ou nos penteamos. A imagem nos é familiar e nos reconhecemos imediatamente nela, embora o indivíduo que vemos, mesmo sendo parecido conosco em todos os detalhes, seja muito diferente de nós. A sua mão direita corresponde à nossa esquerda, e vice-versa. Basta usar um pente ou uma gilete para perceber a diferença. Essa é a brincadeira da simetria especular, em que os dois objetos, o real e a sua imagem, são não iguais mas sim simétricos por reflexão. É um artefato que todos conhecem bem desde os tempos mais remotos. Foi graças a esse fenômeno que muitos pintores puderam pintar o próprio autorretrato quando as máquinas fotográficas ainda não tinham sido inventadas. Eles posavam diante do espelho e reproduziam na tela a imagem refletida. Foi como Caravaggio pintou a si mesmo, ainda muito jovem, nas vestes de Baco, naquele famoso autorretrato exposto na Galleria Borghese, em Roma, que muitos conhecem como *Bacchino malato* [Baquinho doente]. Vê-se um jovem pálido, de ar doentio, uma coroa de hera na cabeça e um cacho de uvas brancas na mão. A obra remonta a 1593-4, os primeiros anos da estada de Caravaggio em Roma, onde encontrara trabalho como aprendiz no ateliê de Cavalier d'Arpino, um pintor muito famoso na cidade dos papas do final do século XVI. Alguns críticos pensam que Caravaggio pintou o quadro durante um período de descanso forçado que passou em casa após levar um coice de um cavalo. Olhando a tela, pode-se imaginar a cena: ele pinta com a mão direita, e por isso precisa segurar com a esquerda o fruto da videira que aparece no quadro; mas a simetria especular inverte a situação e, na pequena obra-prima, Baco será imortalizado com o cacho de uvas na mão direita.

A simetria era uma espécie de obsessão para Jorge Luis Borges, em cujos contos fantásticos frequentemente aparecem reflexos, labirintos, mundos paralelos. Um dos mais poderosos se chama "Os teólogos", e está presente na famosa coletânea *O aleph*, publicada em 1949. O conto discorre sobre uma disputa até a morte, alimentada pela obsessão de combater a heresia, entre dois doutores da cristandade, Aureliano e João de Panônia, a respeito da questão do tempo circular. No pano de fundo dos dois protagonistas agitam-se as várias seitas heréticas gnósticas, que o grande escritor argentino enriquece com a imaginação.

Os gnósticos veem a matéria como degradante. Tudo o que vive no tempo e no espaço é corrompido. O mundo é um lugar infernal, onde estamos destinados a existir na angústia e na miséria. Nesse contexto Borges imagina a seita dos especulares, ou cainitas, ou histriões:

> Certas comunidades toleravam o roubo; outras, o homicídio; outras, a sodomia, o incesto e o bestialismo. [Sustentavam] que o mundo inferior é reflexo do superior. Os histriões fundaram sua doutrina sobre uma perversão dessa ideia. [...] Imaginaram que todo homem é dois homens e que o verdadeiro é o outro, o que está no céu. Também imaginaram que nossos atos projetam um reflexo invertido, de modo que, se velamos, o outro dorme, se fornicamos, o outro é casto, se roubamos, o outro é generoso. Mortos, nós nos uniremos a ele e seremos ele. [...] Também diziam que não ser um malvado é uma soberba satânica...[*]

---

[*] Citado na tradução de Davi Arrigucci Jr. para *O aleph*, São Paulo: Companhia das Letras, 2008.

Assim, no mundo invertido dos heréticos imaginados por Borges, o grande espelho inverte não a imagem física, mas o conteúdo ético da ação. O dever de todo bom cristão é cometer os pecados mais atrozes. Quanto mais maldade se semear no mundo terreno, maior será a glória no reino dos céus.

Os espelhos e os seus estranhos jogos de reflexos entraram desde longa data no mundo das partículas elementares. Tem-se uma transformação similar à que se dá quando o indivíduo destro se reflete no espelho e se torna canhoto na imagem especular, e que se chama transformação de paridade, termo usualmente indicado com a maiúscula P. No caso geral de uma partícula, teríamos de imaginar um espelho muito específico, capaz de inverter todas as coordenadas espaciais (x, y, z) da partícula, transformando-as em (–x, –y, –z).

No início, tomados pelo entusiasmo, os cientistas acreditaram que todas as forças mudavam o modo de agir se fossem aplicadas sobre um determinado sistema ou sobre a sua versão especular. Isto é, pensava-se que a simetria era conservada por inversão espacial ou transformação de paridade, P. Parecia natural imaginar que os processos físicos observados num experimento real não se distinguiriam dos observados no mesmo experimento visto no espelho. Analogamente, pensava-se que tudo se manteria simétrico se as partículas do sistema se transformassem em antipartículas, transformação de carga, C.

De fato, essas simetrias se mantinham quando se lidava com a força forte, aquela que age entre os quarks, ou com a força eletromagnética, que nasce entre as partículas carregadas. Mas logo se percebeu que isso não ocorria no caso da interação fraca. A mais elusiva das forças tinha um comportamento muito estranho. Agia de modo diferente sobre sistemas ligados entre si por uma simples transformação de paridade ou de conjugação de carga; reconhecia imediatamente que alguma coisa havia acontecido e tratava os sistemas de modo diferente.

Há muito tempo sabemos que a força fraca rompe a simetria de carga C e a de paridade P. Havia bons motivos para suspeitar que o mesmo aconteceria também com o tempo, mas apenas em data recente foi possível demonstrar experimentalmente que tampouco a força fraca respeita a transformação do tempo, T. Isto é, caso se mude t por $-t$, e se faça o tempo correr para trás, a força fraca rompe a simetria e produz efeitos diferentes nos dois sistemas. Observaram-se fenômenos que ocorrem com probabilidade diferente dependendo da direção em que corre o tempo. Para usar uma metáfora arriscada, poderíamos dizer que, como os membros da seita dos histriões de Borges, a força fraca distingue muito bem entre o mundo terreno e o mundo celeste, e em cada caso se comporta de maneira diferente.

Com esse resultado teve-se a prova inequívoca da irreversibilidade das leis físicas também no nível microscópico. Se a direção do tempo for invertida, mesmo em sistemas simples dominados pela mecânica quântica produzem-se processos físicos não equivalentes. Chronos pretende que o seu domínio seja absoluto, e não aceita ser excluído do mundo das partículas. Se pudéssemos ver esses fenômenos num filme semelhante ao dos irmãos Lumière retratando a queda do muro, seríamos capazes de distinguir entre a dinâmica real e a artificial, produzida rodando-se a película ao contrário.

Por algum tempo, acreditou-se que, mesmo sendo C e P violadas individualmente, a combinação das duas transformações poderia representar uma simetria inviolável. Caso se invertam as coordenadas espaciais e, simultaneamente, as partículas forem substituídas por antipartículas, aplicamos uma transformação CP. Logo se demonstrou que tampouco isso era verdade, pois a interação fraca não abre exceção para ninguém e viola também a simetria combinada CP. E aqui entra em jogo a verdadeira novidade. Se, além da carga e da paridade, invertermos também o tempo, reencontramos uma simetria perfeita.

As leis da física não distinguem apenas entre passado e futuro para transformações simultâneas CPT: troca entre partículas e antipartículas, mais inversão das coordenadas espaciais e inversão do tempo, com a inversão do movimento de todas as partículas. Nenhum processo físico parece violar esse conjunto combinado de transformações.

A simetria CPT aparece como o Santo Graal há tanto tempo procurado pelos físicos do mundo todo. A tríade de transformações forma um grupo compacto e extremamente sólido, que nenhum processo parece capaz de romper. A simetria que a transformação CPT protege é respeitada por todas as interações fundamentais, sem qualquer exceção. Ela constitui mais um indício de algo muito profundo que liga o tempo ao espaço e estabelece uma relação de ambos com a matéria e a antimatéria. Uma ligação que age em nível fundamental e confere ao tempo um papel de extrema importância mesmo no mundo das mais diminutas distâncias.

O segredo de uma poesia ou de um bom vinho

O ambiente em que a nossa existência cotidiana se desenrola é caracterizado pela presença de corpos macroscópicos, ou seja, sistemas materiais formados por um número muito elevado de componentes elementares.

Apesar das aparências, mesmo o Sars-CoV-2, o minúsculo vírus que nos está causando tantos sofrimentos, é um corpo grande. É um filamento de RNA, cercado e protegido por um aglomerado de proteínas, e contém mais de 200 milhões de átomos, cada um formado por quarks, glúons e elétrons. E estamos falando de sistemas tão pequenos que são imperceptíveis ao olho humano. Quando se considera algo visível, por exemplo um insignificante grão de areia que brilha ao sol, o número dos seus átomos supera facilmente o milhão de bilhões.

A evolução de cada um dos inumeráveis componentes desses sistemas segue as leis da física, e a nossa vida se tornaria impossível se, para fazer previsões sobre o comportamento desses objetos, tivéssemos de conhecer em detalhe, instante por instante, a posição, a velocidade e as interações de cada um dos seus constituintes elementares.

Por sorte, as leis que determinam a dinâmica dos corpos complexos, aquelas que indicamos como física clássica, química, biologia e assim por diante, são suficientemente acuradas e nos permitem organizar bastante bem a nossa vida cotidiana. Não precisamos de instrumentos demasiado sofisticados para chegar ao nosso local de trabalho, nos alimentar de maneira adequada e interagir com os nossos amigos ou parentes. Podemos viver muito bem ignorando tudo o que circula no mundo do infinitamente pequeno e o que se esconde por trás da aparente estabilidade e persistência das coisas materiais que usamos todos os dias.

No entanto, existem princípios gerais, cuja origem está encerrada naquele mundo microscópico que parece não ter influência alguma sobre as nossas existências, que determinam a evolução e a dinâmica dos corpos materiais macroscópicos. Se ignorássemos esses princípios, não conseguiríamos explicar uma quantidade embaraçosa de fenômenos naturais que fazem parte da nossa experiência cotidiana. Alguns, como o envelhecimento e a morte, nos afetam profundamente, a ponto de condicionarem de maneira maciça a existência e a visão de mundo de todos nós. Um desses princípios é o aumento da entropia, fenômeno que tem um papel decisivo em determinar a concepção comum da irreversibilidade do tempo.

Se quiséssemos resumir numa única frase a dinâmica do universo inteiro, poderíamos dizer que se trata de um sistema fechado, no qual todos os componentes evoluem e interagem de maneira que a energia total do sistema permanece constante, enquanto a entropia aumenta incessantemente.

A energia é um conceito bastante familiar, porque é usado em muitos contextos. Todos conhecem o princípio de que não é possível criar energia do nada. A entropia, porém, é algo bem mais misterioso: fora do âmbito científico, não se entende com grande clareza o que ela representa e, principalmente, não está claro por que deve sempre aumentar. Muitas vezes ouve-se falar em ordem e desordem em relação à entropia, mas essa representação, por mais que possa nos aproximar do conceito de base, esconde diversos aspectos desviantes.

Para entender realmente a entropia, precisamos reentrar no mundo das distâncias ínfimas, aquele dos componentes elementares da matéria. Sob certos aspectos, a entropia é a manifestação mais evidente da importância fundamental que o mundo microscópico dos átomos e das partículas elementares tem na decisão do destino do mundo macroscópico, de tudo, inclusive nós humanos.

O ponto de partida é a constatação de que esse mundo é dominado somente pelo acaso e pelas leis da física, e é precisamente essa formidável junção que permite a instauração da mais perfeita das democracias.

Suponhamos que estamos em casa, ao fim de um jantar entre amigos. A conversa prossegue animada e, enquanto o café está sendo preparado na cozinha, as xícaras já estão na mesa. O estado de cada componente desse objeto tão comum deve obedecer às leis da física. Cada um dos seus incontáveis átomos se encontra cercado por outros a que está ligado, está submetido à força de gravidade terrestre e interage com os da mesa, que tenderia a deformar com o seu peso; todo átomo tem movimentos mecânicos de vibração, e está mergulhado em campos eletromagnéticos bastante complicados, tem núcleos compostos por prótons e nêutrons que trocam entre si algum resíduo de força forte e, por sua vez, contêm quarks e glúons que sofrem dinâmicas muito complexas.

Por sorte, a natureza é organizada segundo uma rígida estrutura hierárquica: os quarks são irrelevantes para a compreensão da estrutura tridimensional das proteínas, e os átomos são uma distração inútil quando se trata de calcular a velocidade com que devemos atravessar a rua para não sermos atropelados pelos automóveis. Em suma, é possível obter informações importantes sobre os corpos materiais ao nosso redor mesmo ignorando muitos detalhes do seu estado interno. E, para todas aquelas atividades em que não se pode menosprezar o papel dos átomos, na maioria das vezes basta usar aproximações grosseiras, como as descritas por Richard Feynman, o pai da eletrodinâmica quântica: "Os átomos podem ser considerados pequenas partículas que se deslocam em movimento perpétuo, atraindo-se uma à outra quando estão suficientemente próximas, mas repelindo-se quando são comprimidas uma contra a outra".

Em todo caso, o evidente para todos os convidados é que a nossa xícara se apresenta como uma estrutura estável e estacionária, fica ali parada e tranquila, mesmo sendo constituída por inúmeros átomos que fervilham em várias atividades, atravessando uma infinidade de estados microscópicos levemente diferentes um do outro. E é exatamente aqui que se encontra a essência da história toda. Ao estado macroscópico — ou seja, a nossa xícara imóvel sobre a mesa e em equilíbrio térmico com o ambiente circundante — corresponde um número muito elevado de estados diferentes. Basta deslocar minimamente um dos seus átomos, ou permutá-lo com outros, ou aumentar um pouco a sua energia cinética vibracional, e imediatamente tem-se no plano microscópico um estado diferente, mas nenhum dos amigos com que estamos conversando perceberia isso.

Se considerarmos a quantidade de diferentes combinações que se pode obter jogando com o número impressionante de átomos que compõem a xícara, percebemos que estamos falando de uma quantidade enorme de estados diferentes. E é aqui que entra o acaso, com a hipótese da igual probabilidade a priori: dado um sistema isolado e em equilíbrio, cada um dos seus inumeráveis estados microscópicos tem igual probabilidade de se manifestar. Esse é o regime "democrático" que mencionamos acima. O sistema passará o mesmo intervalo de tempo em cada um dos estados admitidos. Mesmo os mais improváveis, aqueles realmente extravagantes, desde que permitidos pelas leis da física mais cedo ou mais tarde serão obtidos casualmente e terão o seu momento de glória: nenhum privilégio, oportunidades iguais para todos. No mundo microscópico, todos governam alternadamente, embora o domínio de cada um dure apenas um instante.

Chama-se entropia de um estado a grandeza que mede o número de estados microscópicos correspondentes ao mesmo estado macroscópico. Os estados de baixa entropia são aqueles determinados por um pequeno número de combinações de estados microscópicos equivalentes. Alta entropia significa que inumeráveis estados microscópicos são indistinguíveis no plano macroscópico.

Por analogia, podemos levar em consideração "O infinito", o famosíssimo poema de Giacomo Leopardi. Composto por 104 palavras, não é muito complicado pedir a um computador que mescle todas elas de todas as maneiras possíveis e apresente as várias combinações. Na imensa maioria das vezes, resultarão trechos totalmente desprovidos de sentido. Nos raríssimos casos em que o conjunto pode ter algum significado, mesmo assim ele soará banal ou contraditório. O esplendor poético de Leopardi, a perfeição absoluta e inigualável do seu poema, ocorrerá uma única vez entre uma quantidade impressionante de possibilidades. Em relação a todos os conjuntos possíveis das 104 palavras que compõem "O infinito", aquela especialíssima combinação que constrói o poema é única.

Algo similar ocorre quando se executa uma obra-prima musical, como "A paixão segundo são Mateus", de Johann Sebastian Bach, ou quando se avaliam os sabores e aromas inigualáveis de um grande vinho, como um Sassicaia ou um Château Latour. Basta um vacilo entre o coro, ou alguns dias de chuva na semana errada, para romper irreversivelmente aquele equilíbrio mágico, no qual o mais ínfimo detalhe deve estar no seu lugar.

Entropia e irreversibilidade do tempo

Voltemos ao nosso jantar: o café está pronto e é servido na xícara. Os entendedores dizem que deveríamos apreciá-lo imediatamente, pois, esfriando, perdem-se os aromas. Os bares de Nápoles, onde se degusta o melhor café do mundo, são famosos porque nos servem a bebida em xícaras preaquecidas a temperaturas vulcânicas. Mas nós, distraídos pela agradável conversa, demoramos um pouco demais e, quando começamos a bebericá-lo, o café já esfriou e a xícara se aqueceu. Ocorreu uma transformação espontânea. A entropia nos permite entender a razão.

Ao novo estado de equilíbrio que se formou, com xícara e café alcançando temperaturas semelhantes, corresponde uma entropia maior em relação ao estado original. O estado inicial do sistema, com as moléculas do café fervente em forte agitação térmica e as da xícara em temperatura ambiente e portanto dotadas de menor energia, era um estado de entropia mais baixa.

O fato de que numa parte do sistema (o café) houvesse uma densidade de energia mais elevada do que em outra (a xícara), mesmo os dois componentes estando em contato, comportava uma entropia mais baixa. Toda vez que uma das moléculas do café se chocava com uma das moléculas da xícara, uma parte da energia era cedida no choque, o café se esfriava e a xícara se aquecia. Se a energia térmica não permanece concentrada apenas numa parte do sistema e é distribuída em todo o volume, aumenta imensamente a quantidade de combinações microscópicas possíveis a que corresponde o mesmo estado macroscópico. Assistimos a uma típica transformação irreversível.

Em teoria, todas as moléculas da xícara poderiam se pôr de acordo e devolver ao café, de uma vez só, toda a energia térmica que receberam, mas essa configuração macroscópica agora se tornou muito especial e, portanto, altamente improvável. Na loteria das inúmeras possibilidades, é muito raro que o bilhete vencedor saia. Até pode acontecer, mas a probabilidade é tão pequena que há o risco de ficarmos desiludidos mesmo depois de bilhões de anos de espera.

É o mesmo princípio pelo qual, se derramarmos um copo de líquido malcheiroso num tonel de Brunello di Montalcino, todo o precioso vinho ali contido se estragará irremediavelmente. Os estados de baixa entropia estão sempre destinados a ser suplantados por aqueles de entropia maior, se não houver obstáculos que impeçam a sua transformação.

Esse mecanismo determina em que lado vemos ocorrer os fenômenos. A entropia que aumenta nos explica como leis microscópicas reversíveis podem ceder lugar a dinâmicas macroscópicas irreversíveis. A ideia usual do fluxo do tempo e a ideia associada de uma direção privilegiada, uma flecha que voa sempre no mesmo sentido, derivam desse conjunto de experiências. A evolução do universo é uma consequência da irreversibilidade dos processos espontâneos. O nosso sistema é um sistema isolado que se dirige inelutavelmente rumo aos estados de máxima entropia. Essa evolução natural dos fenômenos no tempo não está ligada a uma assimetria das leis físicas de base. A reversibilidade em nível fundamental é subjugada pela complexidade dos sistemas macroscópicos.

Para a nossa sorte, isso não significa que não possam ocorrer, localmente, fenômenos que tendem a reduzir a entropia de um determinado sistema. Isso é possível, mas sob duas condições: que se gaste energia e que a redução de entropia local seja compensada pelo seu aumento no resto do mundo. O exemplo mais banal é a geladeira de casa, que, resfriando os nossos alimentos, reduz a entropia deles, mas consome energia e aquece toda a cozinha.

É mais interessante incluir entre as exceções aquelas formas químicas complexas que chamamos de organismos vivos. Um grão de trigo semeado num terreno úmido e aquecido pelo Sol germina e produz uma planta da qual nascem outros grãos. Os átomos extraídos do terreno se organizaram em moléculas orgânicas, uma estrutura de baixa entropia, mas o processo demandou energia, e a entropia do campo, cujas moléculas inorgânicas foram desagregadas para formar e nutrir a plantinha, aumentou. Processos de aumento de entropia envolveram também o Sol, que forneceu a energia, ou a chuva, da qual se obteve a umidade necessária. Todos os organismos vivos comportam um consumo de energia que, consequentemente, faz com que aumente a entropia do ambiente onde habitam.

Os mesmos mecanismos que possibilitam a vida marcam o seu destino, porque provocam desgaste, envelhecimento e morte. Há quem brinque com o conceito: a vida é um salmão que nada contra a corrente.

Nesse nosso mundo, enquanto os componentes elementares continuam impavidamente a sua frenética existência, todos os objetos macroscópicos se deterioram, se consomem e perdem pedaços. Com rochas e montanhas isso se dá muito lentamente, ao passo que o processo de degradação das formas vivas, como plantas e animais, é muito mais rápido. É ainda o crescimento da entropia que domina o fenômeno.

Se um bloco de rocha das Dolomitas cai vale abaixo e se despedaça em mil fragmentos, isso ocorre porque os estados microscópicos que correspondem a essa situação são muito mais numerosos do que os estados em que os componentes individuais estavam agregados entre si para formar o bloco.

Nas formas vivas esses processos são inevitáveis. O material orgânico é matéria organizada numa forma complexa, energívora e muito delicada. Para que os ciclos vitais se mantenham, ele precisa ser renovado e rearrumado continuamente. O mecanismo pode funcionar por algum tempo, porém mais cedo ou mais tarde o impulso de aumento da entropia prevalece. Algumas centenas de anos, no máximo, para os animais mais longevos, alguns milhares de anos para algumas plantas muito especiais, mas para todos chega o momento em que as estruturas orgânicas complexas, cada vez mais danificadas, agora cópias desbotadas das originais, oxidam-se irremediavelmente. A ligação com o oxigênio forma compostos mais simples, quase elementares, e principalmente muito mais estáveis, que não precisam de energia para sobreviver, à qual corresponde uma entropia consideravelmente maior. Na nossa cultura de macacos antropomórficos, demos um nome especial a essa repentina queda dos processos de oxidação: morte.

Chegamos ao processo irreversível por antonomásia, e assim a nossa experiência cotidiana, unida à consciência do envelhecimento e da vida que se finda, determina a *forte* concepção de tempo irreversível que domina a nossa visão de mundo.

10. O sonho de matar Chronos

O CRESCIMENTO INELUTÁVEL DA ENTROPIA nos obriga a reconhecer que a flecha do tempo não pode inverter a sua direção: Orfeu não pode voltar atrás para evitar se virar uma última vez em direção a Eurídice, e tampouco a Otelo será dada a possibilidade de remediar os erros cometidos.

Mas é possível, sem violar nenhuma lei da física, reconduzir um sistema à mesma configuração ordenada da qual partiu. Seria apenas um sucedâneo do recuo no tempo, pois, de todo modo, estaríamos nos movendo em frente. Não se voltaria ao passado, mas, conhecendo bem o estado de todos os componentes do sistema naquele instante anterior, poderíamos procurar exatamente a mesma condição, uma espécie de minuciosíssima reconstrução histórica de um fato do passado.

O experimento foi realizado com sistemas quânticos muito simples, cuja evolução espontânea foi invertida gastando energia. Mais do que inversão, nesses casos fala-se de reflexão temporal. Com uma intervenção externa, reconduz-se o sistema ao seu estado original. Mas mesmo essa operação funciona apenas para sistemas formados por um mero punhado de componentes elementares.

Para os sistemas complexos ou corpos macroscópicos, não há nenhuma possibilidade de escapar ao destino inelutável que os espera. A evidência de uma direção privilegiada do tempo encontra confirmação em âmbitos demais para que possamos nos iludir. O nosso sentido do tempo, que distingue tão nitidamente entre passado e futuro, indica uma flecha que segue a mesma direção dos processos termodinâmicos, dominados pelo aumento da entropia, e da evolução cosmológica do universo, que tem uma data exata de nascimento e continua a se expandir no tempo. Não temos escapatória.

A antiga sugestão de parar o tempo

Se inverter o curso do tempo não é possível, resta-nos apenas a esperança de pará-lo. Mas mesmo o viver num tempo congelado — que é uma condição natural para partículas desprovidas de massa como os fótons, ou para tudo o que se encontre na singularidade dentro de um buraco negro — está absolutamente vedado aos seres humanos. As leis da natureza são muito claras a respeito, mas nada nos impede de imaginar uma intervenção sobrenatural.

O sonho de parar o tempo encantou a humanidade desde a Antiguidade, e essa prerrogativa foi atribuída, desde sempre, à divindade. Somente quem vive fora do tempo pode dominá-lo. No mundo dos escravos de Chronos triunfa o devir, com a sua sucessão inelutável de nascimento, vida e morte. No mundo sem tempo reina a perene imobilidade, onde o Ser é; não existe, não muda. A eternidade é a negação do tempo e insinua a dúvida de que ele é um mero engano, um sonho do qual podemos acordar a qualquer instante. O fluir do tempo é desvalorizado, torna-se mera representação, que pode ser interrompida a qualquer momento.

A fim de parar o tempo podemos nos dirigir a Yahweh, o deus do tetragrama, como faz Josué no relato bíblico. Agredidos pelos cinco reis maldosos da terra de Canaã, os gibeonitas enviaram uma mensagem pedindo a sua ajuda. Josué e as suas tropas marcham durante toda a noite, mas, quando chegam ao campo de batalha, o Sol está para se pôr. Os soldados inimigos fogem, logo a escuridão cairá e muitos se salvarão protegidos pelas trevas. Mas Josué invoca o deus de nome impronunciável para que proteja o seu desejo de vingança, e o tempo para. Enquanto o Sol continua a brilhar e a Lua se mantém imóvel no céu, os filhos de Israel dizimam os inimigos sob a égide de um terrível castigo divino.

Milhares de anos depois, a cena se repete, ainda num contexto dramático. Um jovem judeu invoca Deus para que pare o tempo, mas nesse caso o objetivo é muito mais nobre. Dessa vez o protagonista é Jaromir Hladik, o dramaturgo condenado ao fuzilamento em "Milagre secreto", o conto de Borges publicado em 1943 na coletânea *Ficções*.

Preso em Praga pela Gestapo na noite de 19 de março de 1939, Hladik é condenado à morte. É judeu e assinou uma petição contra o Anschluss, a anexação da Áustria à Alemanha. Isso basta para mandá-lo ao pelotão de execução. A data marcada é 29 de março, às nove da manhã.

Borges imagina Hladik como autor de importantes trabalhos sobre o tempo, por exemplo a *Vindicação da eternidade*, obra fictícia que ecoava, mesclando os títulos, dois trabalhos importantes do próprio Borges: *História da eternidade* e "Uma vindicação da Cabala". No primeiro volume da obra imaginária, passavam-se em revista todas as formas de eternidade idealizadas pela humanidade, desde o Ser imóvel de Parmênides até o passado modificável de Charles Howard Hinton, um matemático britânico do final do século xix, autor de obras de ficção científica que em algumas delas se detivera sobre uma quarta dimensão. No segundo livro, sempre na imaginação de Borges, Hladik demonstrava que todos os fatos do universo não podiam construir uma série temporal coerente.

Na angústia da espera, diante da perspectiva da morte iminente, a principal preocupação de Hladik é completar a sua última tragédia, *Os inimigos*, a sua obra mais importante, destinada a marcar as vicissitudes dos homens. A obsessão em terminá-la ocupa todos os seus pensamentos, mas faltam poucos dias para a execução e ele nunca conseguirá.

Assim, chegando à última noite, a mais atroz, Hladik reza: invoca Deus para que pare o tempo e lhe conceda mais um ano para levar a cabo o seu trabalho. Passa uma noite terrível, feita de sonhos angustiantes e despertares atormentados. Engaja-se numa luta pessoal contra o tempo, ou a ilusão do tempo, em meio ao alvoroço dos relógios que, inexoráveis, nunca param de tiquetaquear.

Ao alvorecer, quando é conduzido ao pelotão de fuzilamento, Hladik já havia perdido qualquer esperança. Os soldados já estão alinhados no pátio, com os rifles apontados, e o sargento dá a ordem para atirar. E então ocorre o milagre secreto que dá título ao conto.

O mundo inteiro congela. Hladik não pode se mexer, mas nenhuma bala o atinge. O braço do sargento permanece suspenso no ar, enquanto o pesado pingo de chuva que rolara pela sua face após lhe ter roçado a têmpora parou de correr. O vento se detém e uma abelha que voava perto do muro do pátio ficou imóvel no ar, com a sua sombra fixa projetada num tijolo. Superado o espanto, Hladik entende que a sua oração foi ouvida. Terá um ano de tempo para completar a sua obra, mas precisará fazê-la mentalmente, compondo, ampliando e revendo em sua cabeça os versos faltantes, impossibilitado que está de se mover, como tudo ao seu redor.

Após um ano de esforços inenarráveis, a obra está completa; ele pôs em ordem todos os detalhes, com plena satisfação. Falta apenas um último adjetivo. Encontra-o também. O pingo de chuva volta a escorrer sobre a face, a abelha voa e vai embora, as quatro balas dos fuzis fazem o seu corpo estremecer. Hladik morre às 9h02 de 29 de março de 1939.

No nosso mundo contemporâneo, em sociedades que esvaziaram o sentido da beleza e do sagrado e dedicam todas as energias à posse de bens materiais e à aparência, a imaginação literária de parar o tempo para concluir uma obra de arte não goza de muita popularidade. Ao contrário, a antiga sugestão toma a forma de uma espécie de loucura narcisista. Uma luta pessoal, quase um corpo a corpo individual contra o passar do tempo, que tem motivações muito menos nobres que as imaginadas por Borges.

Desde sempre os humanos demonstraram grande atenção ao cuidado com a própria imagem. Cuidam do seu aspecto porque são conscientes de que em qualquer comunidade a linguagem do corpo é fundamental para estabelecer relações e hierarquias. Ornamentos e penteados, tatuagens e máscaras, roupas e cores são poderosos meios de comunicação: podem significar agressividade ou condescendência, incutir respeito ou ser instrumentos de sedução.

Cuidar do próprio corpo e disfarçar defeitos e sinais da idade são práticas documentadas há milhares de anos. Colares, joias, traços de pigmentos foram encontrados em muitas sepulturas pré-históricas. São famosos os inumeráveis testemunhos de cuidados corporais e práticas cosméticas entre a elite do antigo Egito e da civilização greco-romana. A velhice, sinônimo de sabedoria, era respeitada, mas poucos entre os poderosos resistiam à tentação de mostrar um aspecto juvenil, enérgico, vigoroso.

O uso de truques e estratagemas para combater o avanço do tempo é, portanto, uma prática antiquíssima, mas a nossa civilização a transformou numa obsessão. Sobre ela se desenvolve uma indústria muito próspera; não só hospitais e farmacêuticas que se ocupam da saúde, mas uma verdadeira fábrica da eterna juventude, que se constrói sobre a ilusão de parar o tempo só para si, deixando todos os não privilegiados à mercê do domínio de Chronos.

O sonho de continuar eternamente jovem não cega apenas bilionários ou estrelas do cinema. A loucura já se insinuou em muitas camadas da sociedade. Todo sacrifício é bem aceito desde que devolva a rostos e corpos já desgastados um eterno frescor e apague qualquer sinal que nos lembre o nosso destino inelutável. Ao contrário do que fez Rembrandt com os seus autorretratos, essas pessoas gostariam de ver no espelho, conforme os anos passam, uma imagem de si mesmas sempre mais jovem e fresca. Sonham poder girar ao contrário a moviola da vida.

Assim, circulam entre nós indivíduos de aspecto inquietante que, para esconder os sinais da idade, mascaram-nos com efeitos frequentemente mais assustadores do que as rugas e os defeitos que querem ocultar das vistas. Acreditam realizar o sonho de Dorian Gray e não percebem que exibem em público, no seu rosto, os traços deformados e grotescos do autorretrato que pensavam guardar no sótão, longe dos olhos de todos.

O tolo, quando procura atalhos para deter Chronos, frequentemente fica cego, sem perceber.

Os assassinos do tempo

A poderosa sugestão de matar o tempo, que aflorou em várias ocasiões na nossa história, reapresenta-se continuamente, fascinante e tentadora. O antigo sonho de eliminar Chronos definitivamente, de uma vez por todas, volta a ser atual sob as vestes de novas teorias e modernas hipóteses científicas que vale a pena investigar.

E se o tempo for só uma ilusão? Talvez a humanidade tenha se preocupado durante milênios com algo indevido, uma entidade absolutamente evanescente.

Desde que os paradigmas da física foram abalados pela revolução do início do século xx, gerações de cientistas se lançaram ao trabalho para combinar relatividade geral e mecânica quântica. A tentativa de construir uma descrição quântica da gravidade atravessou o século passado, porque se revelou muito mais complicada do que o previsto. O esforço sobre-humano de conseguir quantizar a mais popular das interações continua ainda hoje engajando centenas das melhores mentes do planeta. Há algumas décadas, esse trabalho levou a se reconsiderar a própria noção de tempo.

Tudo partiu do trabalho de dois físicos norte-americanos, John Wheeler e Bryce DeWitt, e está relacionado com uma espera demasiado longa num aeroporto. John era professor em

Princeton, na mesma universidade de Einstein, desde os anos 1930. No período da guerra, havia trabalhado em Los Alamos no projeto Manhattan, e depois seguira Edward Teller até a construção da primeira bomba H. Voltando ao trabalho universitário, decidira dedicar-se à tarefa mais arriscada e difícil: combinar relatividade e física dos quanta. Colaborava com De-Witt, outro brilhante físico teórico, cerca de doze anos mais novo e caríssimo amigo seu, que vivia na Carolina do Norte. Em meados dos anos 1960, durante uma das suas frequentes viagens, Wheeler teria de fazer uma escala no aeroporto de Raleigh-Durham. Como o primeiro avião para a Filadélfia, para onde se dirigia, partiria somente em algumas horas, ele resolveu telefonar ao seu amigo Bryce, que morava nos arredores. Perguntou-lhe se queria aproveitar a ocasião para discutir o estado das suas pesquisas. Bryce aceitou com entusiasmo e correu para o aeroporto com as suas anotações sobre uma fórmula em que estava trabalhando. Naquelas poucas horas, os dois teriam os primeiros "tijolos" daquilo que Stephen Hawking alguns anos depois viria a definir como "a equação que descreve a função de onda do universo".

A equação de Wheeler-DeWitt não resolverá todos os problemas da gravidade quântica, mas será a base de muitos outros desenvolvimentos. O que cabe ressaltar é que o tempo não aparece nela. Pela primeira vez apresenta-se entre os físicos a terrível suspeita, ou a secreta esperança, de que o tempo não seja um ingrediente fundamental da realidade. Isto é, de que para descrever o universo no nível fundamental não há necessidade do tempo.

Wheeler e DeWitt descrevem um universo congelado no tempo, que não evolui, como se estivesse bloqueado num só instante de eternidade. Uma visão que traz à mente alguns místicos medievais, com o tempo parado no êxtase da comunhão com o eterno.

Nos anos seguintes, serão desenvolvidas diversas abordagens da gravidade quântica. As duas mais promissoras constituem ainda hoje verdadeiras escolas de pensamento, sob certos aspectos contrapostas e muitas vezes fortemente antagônicas entre si. A primeira é a teoria das cordas e a segunda é a gravidade quântica em loop, ou LQG (Loop Quantum Gravity).

O nome de teoria das cordas abarca, na verdade, um conjunto variado de modelos teóricos. O que os une é o fato de postularem que os constituintes elementares da matéria não seriam corpúsculos de dimensão nula, isto é, puntiformes, mas estruturas infinitesimais de uma dimensão, fios ou minúsculas cordas vibrantes. As partículas elementares do Modelo Padrão se tornariam assim a manifestação mensurável do movimento no espaço dessas minúsculas cordinhas. A teoria permitiria devolver unidade às interações fundamentais e unificar a mecânica quântica e a relatividade geral, desde que se postule um número elevado de dimensões espaciais extra. Esses novos graus de liberdade seriam acessíveis apenas nos primeiros instantes de vida do universo, quando as energias em jogo eram enormes. No mundo frio e velho que nos cerca, elas estão encerradas em dimensões tão pequenas que nem usando as colisões do LHC foi possível explorá-las.

O primeiro a propor a teoria das cordas, no final dos anos 1960, foi o grande físico teórico italiano Gabriele Veneziano, que então trabalhava no Cern. Edward Witten, físico e matemático norte-americano e professor em Princeton, é, por sua vez, considerado o pai de alguns dos modelos mais completos e promissores, como a teoria das supercordas e a teoria M, uma generalização posterior da mesma abordagem.

No outro campo, o da gravidade quântica em loop, o ponto de partida é totalmente diferente. A atenção se concentra não tanto na composição da matéria mas nas propriedades do cenário em que ela se apresenta, o próprio espaço-tempo. A estrutura regular postulada por Einstein se torna um sistema finamente granular. O espaço, observado em ínfimas dimensões, não seria mais um continuum como nos pareceu até agora, mas teria uma trama descontínua de minúsculos grãos, chamados loops ou anéis. Partindo dessa hipótese, a quantização da gravidade se torna uma consequência natural, porém descobrimos que o tempo desaparece das equações fundamentais, mais ou menos como havia acontecido com a equação de Wheeler-DeWitt.

Os primeiros a propor a chamada LQG, em 1988, foram Lee Smolin, norte-americano, atualmente no Perimeter Institute de Waterloo, nas proximidades de Toronto, no Canadá, e Carlo Rovelli, um físico teórico italiano, hoje muito conhecido também pelos seus livros de divulgação científica, difundidos no mundo todo.

Causou um grande impacto o fato de que, na LQG, as equações fundamentais que descrevem o mundo não contêm a variável tempo. No nível de constituintes de base, o tempo se tornaria um conceito inútil. Para os defensores de LQG, entenderíamos melhor como o universo funciona na sua trama mais sutil se abandonássemos esse fardo inútil de uma vez por todas.

Afirmações muito peremptórias, frequentemente amplificadas pelos meios de comunicação de massa, produziram manchetes de efeito: "O tempo não existe", "A física não precisa do tempo", "O tempo é só uma ilusão". Por essa razão, Smolin e Rovelli foram apelidados de "os assassinos do tempo".

Nosferatu

Não é a primeira adaptação cinematográfica do conto de Bram Stoker, mas o filme impressionou tanto o imaginário coletivo que ainda hoje, a quase cem anos de distância, continua a ser fonte de inspiração para todos os filmes do gênero horror. Com o personagem do misterioso conde Orlok, Friedrich Wilhelm Murnau, mestre do expressionismo alemão, criou um arquétipo de horror. Nosferatu, o "nunca-morto" que se refugia da luz do Sol dentro de um caixão e se alimenta de sangue humano, tornou-se o precursor de uma longa série de vampiros cinematográficos que continuam a aterrorizar e ao mesmo tempo fascinar gerações de espectadores.

Nascem dessa obra-prima as infinitas variantes do relato desse ser monstruoso, atormentado e infeliz, condenado a uma existência de solidão. Um personagem muitas vezes angustiado justamente por causa da sua condição de imortalidade e pela necessidade de matar todas as noites a fim de perpetuá-la.

Como na saga do "nunca-morto", o tempo também parece renascer continuamente. Levanta-se do caixão e segue circulando entre nós, desfazendo qualquer ilusão e frustrando as tentativas de matá-lo e sepultá-lo definitivamente.

Também para as teorias científicas que postulam o desaparecimento, como a LQG, na verdade as coisas são bem mais complicadas do que parecem. Antes de mais nada, os próprios defensores ressaltam enfaticamente que o tempo não desaparece tout court: quando o espaço se desfaz numa espécie de espuma infinitesimal, o tempo desaparece da camada fundamental, ou seja, não é mais um componente crucial do mundo microscópico. Mas eles também evitam negar a realidade do tempo, que vemos em ação no mundo. Ele apenas surgiria como propriedade secundária, derivada, que só nasce quando os sistemas se tornam complexos. Valeria somente quando vastos aglomerados de partículas e átomos se agregam no espaço. O tempo térmico, aquele regulado pela termodinâmica e pela entropia que cresce indefinidamente, permanece como um dos atores decisivos do mundo macroscópico. A perda da sua identidade como elemento constituinte não enfraquece a sua ação incessante nos processos de degradação, envelhecimento e morte que caracterizam o nosso universo material.

É preciso também lembrar que, tanto no caso da teoria das cordas quanto para a LQG, trata-se somente de conjecturas, sem dúvida elegantes mas de forma alguma provadas experimentalmente. Enquanto não houver resultados experimentais convincentes, ninguém pode fazer afirmações peremptórias como as que se leem em alguns jornais, tipo "A física nos diz que vivemos num mundo de dez dimensões" ou "A ciência descobriu que o tempo é só uma ilusão".

O nosso trabalho, como físicos experimentais, é levar a sério todos os modelos desenvolvidos pelos físicos teóricos, que no caso da gravidade quântica são dezenas. Sabemos que a maioria dessas conjecturas está errada, até porque umas com frequência contradizem as outras, mas nós, democraticamente, submetemos todas à verificação. Serão os dados experimentais que decidirão quem está certo e quem está errado. É preciso levar em consideração até mesmo a hipótese de que todas estejam erradas, porque a natureza poderia ter escolhido caminhos totalmente diferentes dos imaginados até agora. Isso aconteceu outras vezes no passado e, portanto, devemos estar preparados também para este cenário: que os dados experimentais nos apresentem algo totalmente inesperado, um novo fenômeno que nenhum teórico havia previsto.

O dado realmente irrefutável é que até agora, após anos de pesquisas, não foi possível trazer provas convincentes em apoio de uma ou da outra hipótese sobre a gravidade quântica. Ambas são plausíveis, mas nenhuma das duas foi verificada. Não se encontraram novos estados da matéria que pudessem indicar a presença de dimensões espaciais extra, nem as partículas supersimétricas previstas pela teoria das supercordas. Os "grãos de espaço" da LQG são tão pequenos, 10^{-35} metros, que não se pode pensar em poder observá-los diretamente, mas, se a teoria fosse verdadeira, haveria sutis efeitos em escala cósmica. Contudo, nenhum desses estranhos fenômenos jamais foi observado.

Isso pode ter ocorrido porque os nossos instrumentos não têm sensibilidade suficiente, ou porque uma ou outra dessas elegantes conjecturas está completamente errada. Ou talvez a solução correta ainda não tenha sido imaginada, e então as duas teorias seriam ambas falsas. Viver na dúvida e na incerteza é uma das prerrogativas mais fascinantes do nosso trabalho.

NESSE MEIO-TEMPO, confirmando a rapidez com que as coisas podem evoluir no campo das conjecturas, Lee Smolin, um dos mais impiedosos "assassinos do tempo", parece ter se arrependido da transgressão. Em alguns trabalhos recentes, ele muda radicalmente de perspectiva, propondo uma nova versão da teoria em que o tempo volta a ser uma variável fundamental e o espaço é que se torna uma ilusão.

Smolin toma como ponto de partida o *entanglement*, ou seja, o entrelaçamento quântico, um processo que une estados materiais correlatos. É um dos tantos fenômenos incompreensíveis da física dos quanta que, mesmo tendo sido verificado em nível experimental numa infinidade de casos, ainda não sabemos explicar. Quando se produz num acelerador uma dupla partícula-antipartícula, as propriedades combinadas do sistema são conhecidas, mas as características individuais das partículas continuam indeterminadas até se efetuar uma medição. A mecânica quântica nos diz que as duas partículas oscilarão enquanto estiverem voando. Depois de se separar, poderão seguir também em direções opostas, passando por todos os estados possíveis e transformando-se continuamente uma na outra. Essa total liberdade acaba no momento em que uma das duas interage com um detector. A medição a faz colapsar num estado bem definido, suponhamos que de antipartícula. Nesse ponto, e disso podemos ter certeza, a sua companheira, talvez a uma distância de quilômetros, não será mais livre: a partir daí deverá obrigatoriamente se comportar como partícula.

O *entanglement* parecia sugerir uma ação instantânea à distância porque não se tem a menor ideia de como a informação pode se transmitir a velocidade infinita. Alguns o consideram prova do caráter não local da teoria, outros pensam numa nova lei de conservação que nos é completamente desconhecida.

Em vez de uma ação sem tempo, Smolin considera isso a prova mais evidente de um fenômeno indiferente ao espaço, que funciona como se a distância espacial entre duas partículas não existisse. E aí se inverte o ponto de vista: o tempo é um constituinte fundamental, enquanto o espaço é um subproduto, uma estrutura que emerge dele e adquire as características de uma ilusão. Essencialmente o universo é feito de eventos que entram em relação com outros eventos, e esse conjunto constitui uma teia de relações. O espaço nasce como uma descrição grosseira e muito aproximativa dessa rede de relações.

Como se vê, a criatividade dos cientistas em procurar o caminho certo para vencer o desafio do século, qual seja, encontrar a teoria de gravidade quântica que será verificada pelos experimentos, não tem limites. Em algumas dessas hipóteses, o tempo parece se desvanecer no mundo das ilusões, mas a conjectura, por mais fascinante que seja, não só nunca foi verificada como também deixaria em aberto toda uma série de problemas.

Pelo que sabemos, o tempo tem uma função de imensa importância, e não só no mundo dos corpos macroscópicos, onde a matéria se transforma sem solução de continuidade e os organismos biológicos envelhecem e morrem. Como vimos, o tempo segue tendo papel essencial também no mundo microscópico das partículas elementares. Está estreitamente ligado ao espaço na relatividade geral, à energia no princípio da incerteza, às poderosas simetrias gerais de carga e paridade que governam os processos elementares. Tirando-se o tempo, muitas leis fundamentais da física, tão essenciais que constituem uma espécie de espinha dorsal do nosso universo material, correm o risco de oscilar, pondo em risco a estabilidade do edifício inteiro.

Apesar das inúmeras tentativas de matá-lo ou marginalizá--lo definitivamente, Chronos dá ainda inequívocos sinais de grande vitalidade.

Epílogo
O tempo breve

NAQUELE MÊS DE JANEIRO DE 1941 fazia um frio do cão em Görlitz, uma cidadezinha no extremo leste da Alemanha, bem na fronteira com a Polônia. Desde que Hitler anexara a Silésia, os exércitos do Terceiro Reich haviam estabelecido ali um campo de prisioneiros chamado Stalag VIII-A. Com a eclosão do conflito, o que fora um acampamento da Hitlerjugend foi ampliado e transformado para encarcerar milhares de poloneses capturados durante a primeira fase da guerra. Em seguida, os poloneses foram transferidos para outros campos e para Görlitz foram remetidos os soldados belgas e franceses capturados durante a campanha da França. Lá ficaram recolhidos, em condições miseráveis, mais de 30 mil prisioneiros, entre eles um jovem músico francês, Olivier Messiaen.

Ele descobrira a sua grande paixão pela música desde criança, ouvindo *Pelléas et Mélisande*, uma ópera em cinco atos de Claude Debussy, o filho do *communard*. Aos onze anos entrara para o Conservatório de Paris, onde fora um dos melhores alunos e obtivera prêmios e reconhecimentos. É um excelente pianista, compondo músicas, tocando como organista em várias igrejas da capital. E um católico fervoroso, com grande apego à tradição e paixão por todas as formas musicais, inclusive as sonoridades primitivas do mundo grego e os ritmos da tradição indiana. Tem um interesse tão grande em estudar o canto dos pássaros que acabou se tornando um exímio ornitologista. Em 1932, aos 24 anos, casa-se com Claire Delbos, violinista e compositora, também aluna do conservatório. São loucamente apaixonados, apresentam-se juntos, e Olivier compõe músicas para celebrar a felicidade deles, por exemplo quando do nascimento do filho Pascal, em 1937.

Com a chegada da guerra, esse quadro idílico se desintegra por completo. Messiaen é convocado para o exército como soldado raso, ainda que como músico no centro musical e teatral do Segundo Exército. Com outros artistas, tem a tarefa de organizar espetáculos para levantar o moral das tropas, mas as *Panzerdivisionen* da *Blitzkrieg* de Hitler destroçam o sistema de defesa francês e Messiaen é feito prisioneiro junto com milhares de outros soldados.

A vida no campo de Görlitz é duríssima. As condições são desumanas e diariamente dezenas de prisioneiros perdem a vida. O ânimo daqueles jovens soldados é tomado pelo mais sombrio desespero, nenhum deles sabe se conseguirá rever os entes queridos ou se estará vivo no dia seguinte.

Naquelas terríveis condições, Messiaen se lança de cabeça na composição de uma música de câmera e, ideia ainda mais louca, decide executá-la no campo, para os prisioneiros. É o dia 15 de janeiro de 1941 e o termômetro fora do barracão marca vários graus abaixo de zero; Messiaen começa a tocar piano, acompanhado por outros três músicos, eles também prisioneiros: Jean Le Boulaire no violino, Henri Akoka no clarinete e Étienne Pasquier no violoncelo. Os instrumentos são improvisados, faltam algumas cordas aos de arco e as teclas do piano

Epílogo

estão duras devido ao frio. É a primeira execução de *Quarteto para o fim dos tempos*. Messiaen o compusera inspirando-se nos versículos do Apocalipse de São João. Decidira utilizar o curto tempo que lhe restava, cuja duração ninguém poderia prever, para compor uma obra que tentava resgatar aqueles dias terríveis, vividos no horror. Graças à música, ele e os outros prisioneiros seriam levados para além do frio, da fome, das humilhações cotidianas. A reflexão musical sobre o fim do tempo serviria para dar conforto ao compositor, aos músicos que a executavam e principalmente às centenas de prisioneiros que ouviam a obra, em absoluto silêncio, emudecidos e em lágrimas.

Como Jaromir Hladik, também Olivier Messiaen havia decidido usar os poucos instantes que o separavam do impacto dilacerador das balas para presentear a si, aos companheiros de desventura e ao mundo inteiro com uma nova obra de arte. Em torno desse lampejo de beleza, mesmo os grupos humanos mais desagregados e humilhados poderiam encontrar conforto e reconstruir um senso de comunidade.

As histórias de Hladik e Messiaen nos lembram que o tempo da nossa existência, com que tanto nos preocupamos, nos é concedido sem nenhuma contrapartida, sem que se peça nada em troca. Grande ou pequeno que seja, é um patrimônio que nos foi confiado incondicionalmente. Todos reclamamos do passar do tempo e nos angustiamos com a ideia de que a nossa existência pode acabar demasiado cedo, esquecendo-nos de que não tivemos de fazer nada para ingressar no tempo das gerações. Um mecanismo biológico e material muito maior do que nós determinou que fizéssemos parte desse longo ciclo de alternância de vida e de morte. Quando ingressamos, por puro acaso, no ritmo das genealogias, devemos tratar apenas de utilizar bem o tempo que foi gratuitamente posto à nossa disposição. Mesmo que sejam poucos instantes.

Fica a pergunta sobre o sentido mais profundo do tempo. Depois de analisar os numerosos aspectos sobre os quais a ciência moderna reuniu uma impressionante quantidade de dados, ainda restam muitíssimas interrogações em aberto.

Na verdade, ainda não sabemos o que é o tempo, mas vimos que ele tem um papel fundamental em todos os ângulos explorados pela física — e é útil lembrar que são cerca de quarenta ordens de grandeza. Decerto muito tempo irá se passar antes de conseguirmos descrever o mundo que nos cerca sem recorrer a esse conceito.

Por enquanto, ninguém pode dizer se algum dia chegará o tempo em que a ciência não precisará do tempo.

Agradecimentos

Desejo agradecer às várias pessoas que me forneceram indicações para a realização deste livro.

Gostaria, antes de mais nada, de relembrar Remo Bodei, um amigo que nos deixou recentemente e com quem estive em encontros com o público, que foram igualmente ocasiões para trocas de ideias e interessantes discussões. Algumas delas ressoam em várias partes do livro.

Um agradecimento especial a Angelo Tonelli, que foi meu guia quando precisei me aventurar nos meandros mais ocultos da concepção de tempo para os antigos gregos.

Sou agradecido a Emmanuela Minnai e Alessia Dimitri pelo entusiasmo com que me levaram a trabalhar neste livro.

Sou grato aos meus caríssimos amigos Beppe Corlito, Nanni Odoni, Antonello Mattone, Andreina Tocco e Antonio Capitta pelos seus conselhos e sugestões.

Um agradecimento especial, por fim, a Luciana, não só por ter fornecido uma quantidade de contribuições preciosas, mas também por ter lido o manuscrito com cuidado e atenção, apontando-me incompletudes e quedas de tom. Sem a sua incansável ajuda e o encorajamento contínuo para melhorar tudo, este livro não teria visto a luz.

ESTA OBRA FOI COMPOSTA POR MARI TABOADA EM DANTE PRO E
IMPRESSA EM OFSETE PELA LIS GRÁFICA SOBRE PAPEL PÓLEN SOFT
DA SUZANO S.A. PARA A EDITORA SCHWARCZ EM ABRIL DE 2023

A marca FSC® é a garantia de que a madeira utilizada na fabricação do papel deste livro provém de florestas que foram gerenciadas de maneira ambientalmente correta, socialmente justa e economicamente viável, além de outras fontes de origem controlada.